U0209552

中国·苏州美食节 系列丛书

苏州国家历史文化名城保护区

沙佩智 编著

蘇州吃食

上海书店 出版社

序　言

曹正文

　　光阴似箭,我和沙佩智女士相识已将近10年了。当时我在主编一套文学丛书,姑苏才女范婉有一本散文集收入其内,这位苏州金融界的美女对苏州的玉器与美食很有研究,她邀请我去"吴门人家"品尝美食,并说:"这里是苏州菜的精品!"说实话,我在"吴门人家"第一次品尝到了久违的苏州传统美食。苏州传统的特色菜肴:清熘虾仁、松鼠鳜鱼、水八仙等。"吴门人家"的虾仁是活虾剥的,而且是熬了虾油再炒的虾仁,味道确实不一样;樱桃肉要煮七八个小时,入口而化,味道好极了!还有八宝鸭、虾仁饼等都是苏州以前的老菜。"吴门人家"的赤豆糊糖粥,细腻无豆皮、文文的甜香,真是一绝!也让人想起小时候品尝的味道。"吴门人家"能把苏州失传的美食恢复出来,真是功德无量,使我对"吴门人家"的当家人产生了兴趣。席间,范婉向我介绍了"吴门人家"的总经理沙佩智女士。

　　沙佩智女士在2000年时已退休了,但五十挂零的她精神气质颇好,浑身充满活力。我们在交谈中,她给我留下了深刻的印象。这位当年插过队、做过工人、当过会计的女强人,一生都在各个岗位上奋斗。她退休不久,便在苏州开了一家鸡鸣八宝粥店,由于沙总挖掘传统饮食,引起媒体注目,及老苏州人对苏州传统美食的渴望,生意很快打开了。在苏州民俗博物馆金馆长的邀请下出来主持"吴门人家",也是苏州民俗博物馆食文化展示厅。她一边经营"吴门人家";一边还成立了"苏州民俗学会饮食文化研究会"。地址在狮子林北墙外的潘儒巷里。让顾客在江南园林中品味美食佳肴,我带上海朋友去过几次,大家都赞不绝口。

沙佩智对苏州的饮食总是充满着热情,这是为什么呢?她说:"苏州人住的房子——园林,是世界遗产;苏州人听的戏曲——昆曲,是世界非遗;苏州人为皇帝做的衣服——龙袍,也是世界文化遗产;那苏州人做的菜呢?一个城市的文化应该是平行发展的,在饮食上,苏州人决不会落后于其他文化,所以我在饮食文化上一定要搞个水落石出!"这么多年,我看着沙佩智越干越有劲。她找到了当年乾隆皇帝下江南时,苏州织造府的官员们为乾隆皇帝备的膳食。其中苏州的这些八宝鸭、樱桃肉也是乾隆皇帝十分喜欢品味的菜肴。为此,她追根溯源!她聘请史俊生师傅为主厨,他的手艺与当年那些御厨的烹调艺术手法皆一脉相承。

经过沙总这几年的努力,实现了她的梦想——苏州饮食文化与苏州其他文化一样光辉灿烂。苏州饮食也走进了宫廷。在故宫内有苏州厨房——苏造(灶)铺,有苏州厨房档案——苏造底档,有苏州厨师的姓名,有专门的苏州宴席——苏宴,有专门的餐桌——紫檀木苏宴桌……这些都记入史册。这是苏州饮食的光辉历史,也是苏州人的光荣。这些都与沙佩智女士的辛劳分不开的。一个年过花甲的女士干出来的事业让人钦佩!

前两年,沙佩智带领的"吴门人家",把康熙五十八年册封琉球国国王的册封宴复原出来了。康熙五十八年(1719年),苏州籍探花奉旨册封琉球国国王,带了十五名家人,其中四名厨师、一名糕点匠赴琉球,完成册封大典后,举行了册封宴会,此册封宴也被载入史册。2013年春,沙佩智带领吴门人家一行五人,在当年的琉球国王官复原了册封宴,有关部门还印制了"吴门人家册封宴"个性化邮票以作纪念。

为此,让我油然想到沙佩智多年以来的心中夙愿,让苏州美食走向世界！让全世界都过着天堂一样的生活。

在吴门人家饮食文化长廊中，展示了苏州一年四季吃食故事，有历史人文故事、有神话传说故事，显示了苏州特有的思想内涵，也是沙佩智女士多年来研究和收集的成果，我感到她的传奇经历足以成册，因此鼓励她出本书，我与沙佩智女士的相识和相知也成就了我的这篇序文。

2015 年 7 月 6 日

（本文作者系上海作家协会理事,《新民晚报》高级编辑）

目录

苏州是块风水宝地

苏州是一座历史古城。四千多年前,大禹在这儿治水,从此苏州就少了几分天灾。有长江天堑作屏障,苏州少了许多兵荒马乱。周太王的两个儿子泰伯和仲雍奔吴,把中华的文化精髓带到了苏州,把周族的农业强盛之道也带到苏州。苏州人素有纳良举贤之民风,容百川之胸怀,外来的精英无不在这儿舒展他们的才华。伍子胥相土尝水,象天法地,建起了苏州古城——阖闾城,苏州就成了一块宝地。

多少朝代文化雨露的滋润,植根于吴地的鲜花无不开得姹紫嫣红。孙武在这儿写出了世界著名的《孙子兵法》。干将莫邪在这儿冶炼出世界最锋利的宝剑。这儿有世界最美丽的丝绸、有甲天下的园林、有在科举考场上连连夺魁的状元、有"先天下之忧而忧,后天下之乐而乐"的国家贤臣、有盖紫禁城的能工巧匠、有世界闻名的贝聿铭建筑大师、有世界电脑大王——王安先生、有一大批世界水平的科学家院士……

苏州古城就是一个大博物馆。她属于全世界的文化遗产。她的山水都留着历史记痕,她的砖瓦都镌刻着历史,她的昆曲、评弹也是世界之绝唱。她已被世界所瞩目,我们,苏州人决不能再做"始非苏州,焉讨识者",孤芳自赏之事,要让更多的人了解苏州,喜爱苏州,让苏州的明天更美好。

你可知道苏州饮食也是文化遗产。

苏州鱼米之乡的由来

今苏州市吴中区三山岛，是距今1万年前的旧石器时代人类遗址，出土的5000余件石制品中，有刮削器、锥、钻、砍砸器和雕刻器等，还有远古哺乳类动物化石标本6目20种。显示了当时先民是依靠狩猎野生动物、捕捞水中动物和采集植物果实生活的。

距今约8000年的张家港东山村遗址，在依山傍水处有平地起筑的房址6座、墓葬3座及灰坑1座，以及相当数量的夹砂红陶、泥质红衣陶器，器形以釜、罐、豆、钵、盆为主，其中腰沿釜占很大比例。表明原始先民已由狩猎采集为主的游民生活向农业为主、渔猎采集为辅的定居生活发展。

在唯亭草鞋山、吴江梅堰、苏州郊外的石湖畔、昆山绰墩山等地，有距今五六千年的原始村落的遗迹。在草鞋山遗址中出土的碳化稻谷，是我国迄今发现的最早的人工栽培稻谷，比印度要早2000年。同时还有我国迄今所知最早的纺织实物和纺织工具、良渚黑陶和数量较多的家畜骨骸。吴江梅堰原始村落遗址，出土了大量的植物种子，经鉴定确认有粳稻、籼稻、红糯、甜瓜、芝麻、菱角、葫芦、酸枣8种。此外还出土了骨哨和鱼形骨匕，发现了保存完好的农田水利系统，等等。

到了距今四五千年前，普遍出现了犁耕农业。在澄湖、昆山太史淀等遗址中发现数量众多的水井，说明先民已掌握了人工灌溉技术。除了传统的稻谷生产，在苏州周边的遗址中，还发现了花生、毛核桃、酸枣核、葫芦等植物的种子,说明菜蔬的种植、栽培已经成为农业生产的重要内容。

商朝晚期,周太王的长子泰伯、次子仲雍让国避奔江南,一方面学习与尊重当地的生产、生活、民风、民俗,"断发文身,为夷狄之服",与民同好;另一方面,他们把黄河流域先进的科学文化和先进经验传授给江南百姓,有力地促进了吴地的开化。泰伯也因之受到民众的爱戴与尊敬,被拥立为"句吴"国王。泰伯死后,仲雍继立,传至周章时,武王克殷,建立周朝,封周章为吴君,正式成为诸侯国。"吴"既成国名,后世子孙便以国为姓,世代繁衍。

"吴"字从字形上来看,就是"鱼"的象形。在今天的苏州方言中,"吴"、"鱼"还是同音字。苏州方言的第一人称,尽管各地略有区别,但有个共同点就是与"吴"音相近。说明在古代,"鱼"在人们的心目中是何等重要。要在这水乡生活就得学会捕鱼、养鱼、吃鱼。著名的"专诸刺王僚"事件中,专诸就是先在太湖边学得一手做鱼手艺后,以"御厨"身份端菜接近王僚,然后从鱼中抽出匕首,刺死王僚的。

公元前514年,第二十四世吴王阖闾为改变吴国地处僻远、"险阴润湿,又有江海之害,君元守御,民无所依,仓库不设,田畴不垦"的现状。接受伍子胥的建议,修建了规模宏大、气势宏伟的阖闾大城。苏州逐渐成为太湖流域的政治、经济和文化中心。

吴地堪称世界稻作文化的发源地,春秋时期,吴地的稻作文化趋于成熟。吴王阖闾当政以后,积极推行伍子胥提出的"实仓廪"的主张,鼓励开垦荒地,重视兴修水利,使吴地的农业生产有了较大的发展。史书中就有"民饱军勇"、"仓廪以具"的记载。据《吴越春秋》记载,吴王夫差曾一次借给越国稻谷"万石",可见当时吴地的水稻生产已经达到相当的水平。

三国孙吴时期,屯田大兴,农耕技艺不断革新,稻谷亩产已达三斛,在当时确实是独步世界的水平。并且出现了双季稻,左思《吴都赋》盛赞道:"国税再熟之稻,乡贡八蚕之绵。"据《三国志·吴书》记载,孙权曾颁布诏书,鼓励农桑。一方面,孙吴通过大肆掠夺或吸引曹魏人口以及用暴力强迫山越人出山的途径增加劳动力;另一方面,还通过奉邑制、屯田制、世袭领兵制等,让南北世家大族出身的将领驱使士卒耕种,与此同时,世家大族也役使自家的宗族、佃家与奴婢从事农业生产。随着大面积的土地开发,吴地农业生产水平与黄河流域的差距大为缩小,出现了"谷帛如山,农田沃野,民无饥岁"和"其野丰,其民练,其财丰,其器利"的富庶景象。但是,与"沃野千里"、"颇有蚕桑之业"的黄河中下游地区相比,苏州的农业主要还是采用火耕水耨的耕作方式,生产力水平较低,正如司马迁在《史记·货殖列传》中描述的那样,苏州虽然"不待贾而足"、"无饥馑之患"、"无冻饿之人",但,"地广人稀"、"无积聚而多贫"、"无千金之家"。

从东汉末年开始,北方陷入长期内乱。北方士族、人民为躲避战乱,纷纷逃离故乡,向南迁徙,形成历史上前所未有的长达160余年、规模巨大、影响深远的移民浪潮。

北方移民的大量南迁,增加了吴地的劳动力,带来了中原的财货、先进的文化与技术及农具,也大大加快了苏州地区经济与社会的发展。

南迁移民与当地百姓一起,兴修水利,开垦荒地,改"火耕水耨"的原始耕垦方式为精耕细作。东晋、南朝期间,江南的农业科技有了新的进步,曲辕犁、耙、秒、稻、龙骨车等农具的出现和普及,稻麦两熟制的推广,使吴地的农业生产实现了由粗放型向精耕型的转变。《陈书·宣帝纪》用"良畴美柘,畦畎相望,连宇高甍,阡陌如绣"来描写吴地的农田景象,反映了当时农田耕种水平的精细水平已经达到了相当高的程度。与此相联系,农田的产量也有了较大的增加,以致动辄以千斛做买卖。吴地的农业生产已经赶上甚至超过了北方。齐人沈约描述当时吴地的情况

时说:"江南之为国盛矣……地广野丰,民勤本业,一岁或稔,则数郡忘饥。"(见《宋书》54卷)

至隋唐五代时期,吴地的土地开发与经济社会发展水平与屡遭天灾人祸、土地衰退老化的黄河流域相比,已经占有绝对优势,全国的经济重心南移到长江流域。

吴地经济的发展与江南运河的开通有着密切关系。江南运河奠基于春秋晚期,至隋炀帝时正式修通南北大运河。它沟通内外的水陆交通要冲。在全国经济重心由黄河流域向长江流域南移的过程中,苏州日渐成为全国财货集散、转运和信息交流的一个中心。海船也通过沪渎、松江可以直达苏州城下。

唐代还对太湖流域的农田水利工程进行了全面整修,沿湖堤坝、御潮海塘得以增高加厚,并联成一体,蔚为壮观。迨至钱氏吴越国时期,又进一步治理内河水利与筑捍海塘,并大力修建圩田,再一次扩大水稻耕作面积。圩田者"堤河两涯,田其中,谓之圩"。据范仲淹说,"每一圩,方数十里,如大城",小的也有数千亩。吴地因地制宜发展圩田塘浦水利建设,"浚三江,治低田"、"蓄雨泽,治高田"。低地则高筑圩堤,高地则深浚塘浦,终于形成水利发达、排灌系统完善的农田水利设施网络,并基本做到小灾小害保丰收。因此岁岁丰收,一派繁荣景象,"米一石不过数十文"。

至唐代中叶,苏州"人稠过扬府,坊闹半长安",已超过有"富庶甲天下"之称的扬州,成为仅次于国都长安的全国第二大城市。据《元和郡县志》载,苏州的户数迅速由唐初的一万一千多户发展到"开元(713—741年)户六万八千(零)九十三。元和(806—820年)户十万零八"。白居易在《苏州刺史谢上表》中称:"况当今国用,多出江南;江南诸州,苏为最大。并数不少,税额至多。"所辖7县岁贡105万贯,占两浙13州岁贡的六分之一,超出两浙各州平均数的一倍,成为中央政府赋税的主要来源之地。大历十三年(778年),苏州由"望"升"雄",是唐代江南唯一升为

"雄"州的州郡。

宋代苏州境内的农业发展明显加快，具体表现在：第一，水利建设成效明显。宋代范仲淹开始大规模治理太湖水患，他主持开浚了吴淞江，以及常熟、昆山之间的茜泾、下张、七丫、白茆和浒浦五河，并在沿江诸浦设置闸门，用以拒沙挡潮，排泄积潦，为数州之利。仁宗至和二年（1055年），邱与权主持修筑昆山塘，使苏州和昆山一带的积水得以排除，苏州一带因此"四郊无旷土地，高下悉为田"。北宋水利专家郏亶赞曰："天下之利，莫大于水田；水田之美，无大于苏州。"第二，土地开发向纵深推进。经过三国至隋唐五代数百年的开发，至宋代，苏州境内的平原大多已经成为良田沃野。在这种背景下，宋代苏州人民对土地开发的目光开始转向弥漫广阔的水域和丘陵山地，进行了与水争田、向山要田的大开发壮举。一是圩田，圩田水利的开发，是吴地农田水利建设的重要成就。据宋代郏亶的调查，苏州一地即有圩田塘浦水利260多处。二是葑田，在江湖水面上，"菱蒲所积，岁久根为草水冲荡，不复与土相著，遂浮水面，动辄数十丈，厚亦数尺。"在其上"施种耕凿，人居其上，如木筏然，可撑以往来。"三是山地，即在丘陵山地缓坡开辟的梯田。第三，改进生产工具，实行集约经营。宋代在吴地广泛使用的曲辕犁是当时最先进的耕田工具，水轮的发明与运用进一步增强了抗御旱灾的能力。对农地实行精耕细作，并已形成一套比较完整的技术与经验，因此，吴地农田的产量既高又稳，"其一亩所出视他州辄数倍"成为"国之仓庾"。范仲淹在《政府奏议》中称，东南每岁上供 600 万石米，苏州"一州之田，中稔之岁，出米 700 余万石"。

宋代时，苏州 7 县以全国 1％的田亩，承担了全国 11％的赋税和 25％以上的军粮、俸禄。宋袁褧《枫窗小牍》上卷："汴中呼余杭百事繁庶，地上天宫"、"苏常（州）熟，天下足"等广为人知，后转为盛传于世的"上有天堂，下有苏杭"的名句。

元代时，北方地区的经济进一步衰退，而苏州凭借其雄厚的基础，经济得到了迅速的恢复和发展。在这一时期，吴地水利建设使用的工具也有进步。任仁发《水利问答》说："浙西治水，砒堰、坝水、函石、仓石屯、蓬蒵、土帚、刺子、水管、铜轮、铁笆、木枕、木井、木锹、木匝、水车、风车、手戽、桔槔等器，陇西未必有也。"其中，风车虽在汉代已经发明，但在水利活动中的使用，在中国历史上尚属首次。因为吴地农田改良的关键是排水，而主要依靠的排水工具是龙骨车。使用风力带动龙骨车大大提高了排水效率，因此风车的使用对"干田化"具有重要的意义，也表现了吴地在农田改良方面的进步。

从明代到清代鸦片战争前，苏州地区经济空前发展，到达古代经济的巅峰，并开始孕育资本主义萌芽，苏州成为全国著名的经济和文化中心。由于兴修水利、改进农具和耕作制度，粮食亩产较宋代有较大提高。作为全国财富之区，苏州赋税很重。苏州府垦田数不到全国的八十八分之一，而税粮之征却占全国的十分之一左右。

苏州还是全国最大的米市，边远地区于此采购粮米，每年都以百万石计，枫桥米市的斗斛，被公认作计量标准，而称"枫斛"。

曾经两次任江苏巡抚的林则徐就曾说过："天下漕赋四百万，吴居其半，京师官糈军饷皆取给焉。"1840年的鸦片战争，是中国社会的一个历史转折点，也是苏州农业发展史上的重大转折点。这一时期江南地区大面积推广双季稻的种植，使产量大幅度提高，一般来说，单季稻在丰收之年每亩最多收谷 3—4 石，双季稻两次收获，每亩总产可达 6—7 石。

20 世纪 50 年代以来，古老的吴地稻作农业区更焕发出青春的活力。经过几十年的治理，太湖平原老河网得到改造，圩区加强配套，机电排灌能力保证引灌、排涝的正常进行，为农业的高产稳产创造条件。80 年代，随着乡镇工业的兴起，结合农田水利建设形成的鱼池，在工业发展带来外河污染之际，以内塘养殖的发展，为"鱼米之乡"注入了新活力。

苏州吃食歌

苏州人，福气好，人间天堂乐逍遥。

居身亭台楼阁中，绫罗绸缎衣着俏。

一日三餐难全报，吃食尚能表一表。

糯米糕团勿勿少，大年初一汤水圆。

正月十五元宵团，二月初二撑腰糕。

寒食来临酒酿饼，清明时节青团子。

喜事必有定胜糕，桔落圆子酸又甜。

方糕如玉分八式，其他地方吃不到。

红白相间糖千糕，枣泥糕、糖切糕。

黄松糕、白松糕，四种馅芯圆松糕。

薄荷糕、绿豆糕，烈日炎炎消暑糕。

汤团甜咸随意挑，糯米粢饭塞个饱。

炒肉馅团双馅团，南瓜团子赛金包。

外沾糯米粢毛团，酒酿圆子甜酒酿。

送灶团子糯又大，灶界老爷一口咬。

糖元宝、白糖饺，水磨年糕瘪子团。

猪油薄荷糖年糕，一年更比一年高。

笃笃笃! 卖糖粥，白粥上头豆沙浇。

四月初八乌米饭，腊月初八腊八粥。

滋补妙方八宝粥，八宝饭里豆沙多。
五月初五端五粽，共祭涛神伍子胥。
三角粽子小脚粽，枕头粽子笔梗粽。
白水粽子灰汤粽，豆板粽子红枣粽。
豆沙粽子赤豆粽，鲜肉粽子火腿粽。

苏州糯米糕团多，面食点心也不少。
生煎馒头蟹壳黄，老虎脚爪绞连棒。
千层饼、蛋面衣，鲜肉包子大中小。
香菇青菜豆沙馅，白糖猪油玫瑰包。
蟹粉馒头奢侈品，刀切白馒花卷香。
油氽紧酵吱吱叫，趁热吃，当心烫。
汤包尚须蛋皮汤，羌饼要配绿豆粥。
煎馄饨、汤馄饨，绉纱馄饨汤水好。
糖卤麻团呒馅心，开口笑里实肚肠。
油炸桧，搭粥菜，大饼夹夹猪油糕。
春卷皮子自己包，荠菜肉丝冬笋丝。
锅贴烧卖油氽饺，海棠糕、梅花糕。
枇杷梗，白凤凤，香脆饼，香喷喷。
七月初七吃巧果，八月十五月饼圆。

苏州面，名堂多，白汤红汤味道好。
白汤枫镇大肉面，红汤脆鳝煨灶面。
要吃头汤赶早市，满镬清水面条爽。
紧汤宽汤说分明，青重免青交待清。
阳春面，品相好，条条银丝排整齐。

大地回春点点绿，好像人间小阳春。
荤素鱼肉面浇头，品种花式叫叫关。
爆鱼爆鳝生爆鳝，香菇面筋什锦面。
虾籽虾脑虾仁面，苏式软炒两面黄。
羊肉焖肉蹄髈面，六月素后卤鸭面。
现炒浇头要过桥，夏天冷拌糟油面。
小囡满月剃头面，老人做寿长寿面。
大阔面、小阔面，还加一样龙须面。

苏州水果也不少，春节泡茶青橄榄。
枇杷杨梅上市早，香瓜生瓜黄金瓜。
农船西瓜河浜郎，生腊西瓜包拍甜。
清脆爽甜六令桃，玉露金液水蜜桃。
中秋前后水红菱，肉白鲜嫩水淋淋。
无角无棱和尚菱，尖角尖棱沙角菱。
又甜又嫩小白菱，一肩挑来老乌菱。
铜锅烧菱排场大，风箱拉得噼啪响。
炉火熊熊紫烟生，开锅叫卖馄饨菱。
南荡鸡头大荡藕，听不懂来鸡头米。
听听像荤吃吃素，芡实才是它真名。
大荡藕，嫩又脆，焐熟藕，甜又糯。
掰开莲子鲜莲子，白糖莲芯干莲子。
桶盆柿子雪柿饼，冰糖梅子拌甘草。
荸荠风干更加甜，茨菰切片氽来吃。
绿树丛中万盏灯，洞庭东山橘子红。

冬至夜,冬酿酒,甜咪咪来吃一夜。

黄昏路边烘山芋,落芋红炉香缥缈。

臭豆腐干糍饭糕,萝卜丝饼三角包。

馋煞小姐公子哥,寻常巷陌追香踪。

糖油山芋稀奇货,桂花芋艿中秋吃。

烫手笋来热白果,糖炒栗子桂花香。

虾籽鲞鱼鲜又鲜,素火腿么有嚼头。

豆浆咸甜各钟意,豆腐花"完"鲜又美。

鸡鸭血汤粉丝汤,桂花赤豆莲心粥。

喜蛋混蛋茶叶蛋,立夏胸前挂鸭蛋。

纸包开洋豆腐干,津津卤汁豆腐干。

枣泥麻饼杏仁酥,薄荷清凉绿豆糕。

茉莉花茶碧螺春,青蒿茶、芦根汤。

甘蔗露、杏仁露,消痰止咳梨膏糖。

酸梅汤、杏枣汤,外加冰冻绿豆汤。

还有两样稀奇货,腌金花菜黄连头。

刮拉松脆赤沙豆,奶油味道五香豆。

焐酥豆、发芽豆,兰花豆、盐炒豆。

笋烧豆、椒盐豆,油氽豆板和黄豆。

毛豆结干熏青豆,脚锣里厢爆黄豆。

年糕片,爆炒米,五香白糖大又大。

破布头么换糖吃,三根棒,绕饴糖。

糖果蜜饯不再表,统统唱来吃不消。

姑苏小吃也是文化遗产

我是因为喜欢上苏州的小吃文化才走上餐饮的道路。我从苏州的小吃文化里感到做一个苏州人十分自豪。

什么叫小吃？指正餐以外的熟食，首先它是餐，使它与零食区别开来了，但，又不是正餐，正餐要有主食、辅食、汤类等。小吃是苏州人讲的点心。

如原始时期的烘烤，先秦时的羊肉串，汉代的寒具，南北朝的烧饼，唐代的槐叶冷陶，清代的年糕，现代流行的湖南米粉、武汉热干面、天津小笼包、西安的凉皮、扬州的炒饭、无锡骨头、兰州拉面等。

商品化的小吃，其烹调技法是以家庭厨房为起点，逐步推向社会，走进食肆，制作技术有群众基础，一学即会，一般的人都能掌握，容易推广，有很强的繁衍能力。

商品化的小吃源于民间，又高于民间。每一种小吃其制作工艺无不渗透着数学、物理、化学、微生物学、动植物学、医学、营养卫生学等诸多学科的丰富知识，体现着民族饮食文化的内涵，充溢着中华儿女技艺天才和科学智慧。

每个地方，每个民族，都有自己喜欢的小吃。在都市化大发展的今天，民族大流动，群体大换新，可以说，经营任何一个小吃都有它的市场，关键是你要选对路子。许多小吃不仅具有民族的共同爱好性，而且具有人类的共同爱好性。因此具有永久旺盛的生命力，从而使其具有某种超时空的永恒的价值。因此许多中国小吃已跨出国门,来到许多国家,遍布世界各地的中式快餐,都经营着小吃品种,外国的小吃如肯德基、麦当劳也在我国落户。我们要学习外国的经营理念,组成中国的小吃航母,在环境、气氛、风味上下大工夫,把我国的小吃做得更好。

小吃投资小,风险少,不用高大的店堂,也不用五颜六色的广告宣传和金字招牌,只要它一出现,人们就会围上来,吃着、笑着,好的小吃有做不完的生意。苏州小吃还有其特有的人文含义和神话故事。

我们的祖先在苏州这块土地上种植水稻已有八千多年了,种植小麦也有四千多年了。我们的祖先靠此繁衍生息,是组成几千年文化和文明的要素之一。这是一份多么丰厚的遗产,而姑苏小吃是这份遗产上的宝石,她永远闪烁着亮光。

苏州小吃得益于三江五湖之利,海陆之饶;源于经济之繁荣、生活之安逸和富庶;精于自古民风之讲究;美于市风之儒雅;基于历史文化底蕴之丰厚,此乃苏州小吃得天独厚的条件。

苏州小吃有千余种,甜、咸;干、湿,一年四时,随季节时令的变化而呈现,品种接连不暇而五彩缤纷。

苏州人的饮食习惯十分科学,崇尚少而精,清淡,喜爱甜食,讲究品味。

过去苏州小吃,以手提肩挑,走街串巷叫卖为主,其中最著名的是"笃!笃!笃!卖糖粥。"它可以边走边煮边卖。后因消除了沿街叫卖,许多小吃已不复存在。为此鸡鸣八宝粥店极力收集苏州传统名特小吃,让苏州小吃登入大雅之堂。

当您吞下一只馄饨的时候,吞下的是盘古开天辟地以前的"混沌世界";端起一碗面,是在祝愿天长地久,人类的生存绵绵(面面)而流长;拿起一只青团子,带起的是四千多年前大禹治水的故事;托起一块定胜糕,托起的是韩世忠、梁红玉抗金的干粮;剥开一只粽子,翻开的是伍子胥兴吴之大略;打造一块年糕,是在为营造阖闾城(即苏州古城)添砖加瓦;品一口冬酿酒,品味的是泰伯、仲雍酿造吴文化的甘露;做出一只只巧果,是庆贺牛郎织女鹊桥相会;得到一只苏式月饼,在元朝末年就得到张士诚起义的消息;憎恨奸臣秦桧,让他像油条一样下油锅炸,油条之所以又叫油炸桧;捧出一罐桂花酒,那是吴刚去月宫伐桂前留在故乡的美酒;舀一勺芋艿,舀起的是王莽篡权的教训;尝一口八宝粥,那是康熙微服私访到苏州喝过的粥;洁白如玉的大方糕原是《珍珠塔》方氏之家点;乌米饭、腊八粥是纪念释迦牟尼诞辰和得道之斋;而神仙糕、重阳糕又是道场之仙品。

......

品一口苏州小吃,读一卷吴地文化。

过年吃年糕

过年吃年糕，传说是伍子胥给苏州人民留下的备荒之粮。

伍子胥曾辅助过两代吴国君王——阖闾和夫差。他为阖闾营造了苏州古城——阖闾城，后又辅佐夫差灭了越国，实现了称雄东南，争霸中原的伟业。在庆功宴上吴王夫差欣喜若狂、得意忘形，整日宠爱着越国送来的美女西施，对越王勾践卧薪尝胆的复国之志视而不见，伍子胥多次忠谏，夫差充耳不闻，慢慢

年　糕

地从厌倦变成厌恶。最后夫差竟逼伍子胥自杀。伍子胥在自杀之前对随从说："吾死后，越必亡吴，城中百姓如遭饥荒，你可带百姓在相门城下掘地三尺觅食。"

后来正如伍子胥所说，勾践回到越国，举兵攻吴。苏州城被围困，城中断了粮，又逢过年。伍子胥过去的随从，家中也断粮数日。他更想念伍子胥，十分佩服伍子胥"越必亡吴"的预言。但谁能救黎民百姓？此时他突然想起伍子胥临终前的嘱咐。他就带领百姓到相门城下掘地，掘地到三尺之下，发现这里的城砖不是泥砖，而是用糯米粉做的砖，可以充饥。这时伍子胥的随从跪地大声哭道："大将军！您死得好惨啊！您居

安思危，爱民如子，您死到临头还在想怎么救百姓……"

　　这样全城百姓都从相门城下得到了这不平凡的"城砖"，过了这断粮的年。从此以后，每逢过年，苏州的百姓都要用糯米粉做成"城砖"似的糕，来纪念伍子胥。因为时逢过年，所以称之为"年糕"。

新年喝"元宝茶"

新年中,不论居家还是走亲访友,在饮用的茶壶内放置两枚橄榄。这"橄榄茶",因橄榄形似元宝,又叫"元宝茶",又与原泡茶相谐音,以此讨口彩和吉利。橄榄入口有先涩后甜的感觉,寓意生活要先苦后甜。

正月初一吃小圆子

　　苏州地处长江以南，气候温暖、湿润，雨水和日照都很充足，是种植水稻的好地方。据考古学家认定，以苏州为代表的中国太湖流域，是世界上最古老的稻米故乡之一。在东山村就发现了八千多年前水稻的遗迹。在苏州古城东的唯亭东北，有一座草鞋山，这里种植水稻也有六七千年了，是中日合作《苏州草鞋山遗址古稻田研究》课题的野外项目。自1992年至1995年，他们每年都要进行一次考古。

小圆子

　　苏州的先民就是仰仗于稻米这一最基本食物，繁衍生息，创造出了灿烂的文明。粮食制品往往与稻米紧密相连，人们把苏州称为鱼米之乡，包含了几千年的文化的渊源。

　　人们在用石器工具来加工谷物粮食时，往往会出现许多雪白的米粉。中国汉字的"粉"，即是"米"、"分散"的意思。此"粉"字就证明来源于稻米文化。

人们当然不会把米粉轻易抛掉，集多了发现加水后即凝结，用手一搓即成圆形，像珍珠一样可爱。这就是小圆子。

小圆子是双手合十而作，代表祥和、吉祥、圆满和幸福。新年第一餐食此物，是人们对新的一年寄托着美好希望，吃一粒圆一个心愿，吃得越多就圆得越多。所以小圆子的特点是很细巧，粒粒如珍珠形状，讨人喜爱，而且又糯又滑又有弹性。有人说吃小圆子就像听苏州话，糯笃笃、甜精精、细声细气。

正月初五"现到手"

　　苏州人有句俗语,"路头菩萨——得罪不起!"苏州人将"路头"看作财神,得罪了财神,让你穷得揭不开锅,那可不是闹着玩的大事。

　　路头菩萨又叫"五路财神",农历正月初五是路头菩萨生日,苏州民间素有"接路头"的习俗。这一天家家户户都想将路头接到家中,为他祝寿,好好地对他孝敬一番,如果能由此而巴结上财神,那就一定会财源滚滚,往后的日子便越过越好。有些人家怕路头菩萨被别人先接走,干脆将接路头的仪式提前到初四深夜进行,在仪式进行的过程中进入初五的凌晨,这样就不愁路头被别人抢走了。在初四接路头的仪式称之为"抢路头"。

　　五路财神的供桌上供有"猪头三牲",算盘、银锭、天平等诸物。在供桌旁还有一把刀,撒上一撮盐,用手指蘸而食盐,这"盐、刀、手"三样,苏州人的谐音叫"现到手",即做生意时银锭、钱粮可以"现到手"。

　　五位财神中苏州人对赵公明特别敬重,其他四位只供黄酒,而赵公明供奉白酒,大概知道他喜爱饮白酒,还加一碟羊肉。苏州的经济繁荣、人民富裕,不知是否与厚爱赵公明有关。

正月十五吃元宵

　　传说汉武帝刘彻时（公元前156—前93年）有个宫女叫元宵,因思念父母不得相见而欲寻死。心地善良、足智多谋的大臣东方朔对元宵十分同情。为了让元宵有机会同父母相见,他传布火神将要在正月十五日烧毁京都长安城,全城百姓恐慌不已。东方朔便劝汉武帝,正月十五日让宫廷里所有的人全部外出避难,再让全城百姓挂红灯放焰火,骗过天上察看火情的火神,以保证正月十五日长安太平无事。在东方朔的帮助下,元宵得以出宫与父母相见和团圆。从此正月十五夜各地要挂红灯、放焰火,场景十分热闹,这样才能骗过天上的火神,所以叫做闹元宵。在那一天,人们用糯米粉做成小汤团,供奉火神,让他吃后粘住嘴说不出话。这小汤圆就叫元宵。

　　从此妇女在这天可以出门,看一看外面的世界。苏州妇女还有"走三桥"的习俗。走桥即"渡河",与吴音的"渡祸"是谐音,是渡过灾祸的意思。封建社会认为妇女是祸水,妇女在元宵节这一天走了三桥就过了一年

元　宵

的灾祸。尽管这是歧视妇女的做法,但对于长期被禁闭在家中的妇女来说,却是十分快乐的事。

苏州的彩灯也甲天下。苏州民俗博物馆收藏的彩灯还拿到国外展出。苏州元宵节其实有五六天,正月十三就要上灯,正月十八才落灯,落了灯春节就结束了。在这几天中,苏州古城真是热闹非凡,许多民间故事也由此而发生,如《王老虎抢亲》的故事,就是苏州才子佳人闹元宵的生动描写。

二月初二吃爆米花、撑腰糕

农历二月初二是土地神的生日，人们常在这一天祈求土地神保佑田间禾苗茁壮成长，秋后五谷丰登。如果田地荒芜，土地神将愧对人类。那么这一天为什么要吃爆米花和撑腰糕呢？

撑腰糕

传说武则天（公元624—703年）当皇帝，触怒了玉帝，命太白金星传四海龙王，三年内不向人间降雨，以示惩罚。天不下雨，河川枯竭，庄稼颗粒无收，百姓痛苦不堪，哭声连天。司管天河的玉龙不忍心看人间的惨景，喝足了天河水向人间喷雨。玉帝知道后勃然大怒，将玉龙压在山下受罪，并在山上立碑："玉龙降雨犯天规，当受人间千秋罪，要想重登灵霄殿，除非金豆开花时。"

人们为了报答玉龙的救命之恩,拯救被压在山下的玉龙,怕它压坏,做了一块很大的糯米糕撑在玉龙的腰下,并到处找开花的金豆。有位卖爆米花的老婆婆发现自己的爆米花,这不正是金豆开的花吗?

　　于是二月初二那天,趁太白金星为土地神祝寿,土地神故意让太白金星喝醉。人们将爆米花供在院中,有的送到玉龙的身边。玉龙见了大为高兴,就大声吼叫:"太白老头,金豆开花了,快放我出去!"太白金星醉眼昏花,就将玉龙从山下放了出来。玉龙返回天庭,所以二月初二又叫"龙抬头"。

立春吃春卷和萝卜丝饼

　　立春,在古老的苏州也是非常隆重的节日,县令要鞭打春牛,所以立春也叫"打春",意寓春耕开始。

　　苏州不但是鱼米之乡,还是盛产蚕茧和丝绸的地方。立春不但要祈求五谷丰登,还希望蚕茧丰收。春卷,最初就包裹成春茧的样式,后因苏东坡有"春到人间一卷之"的诗句,所以就叫其春卷。

　　立春的早上不论男女老少都要吃一根"春卷"。吃春卷和春饼又叫"咬春",据说可以咬住"春天",后又引申出咬住"青春"使青春永驻的含义。春卷皮是用面粉制成的薄皮,再包上馅下油锅一汆,美如金条,上口脆而香,十分好吃。苏州人最喜欢吃荠菜馅的春卷。荠菜在两千多年前的《诗经》中就十分赞美它。诗中曰:"谁谓荼苦,其甘如荠。"

春　卷

萝卜丝饼

春饼即萝卜丝做的饼,吃了可以消食、止咳、不生牙病,还可以避免春困。萝卜的中药名为莱菔,属十字花科植物,俗有"小人参"之称。《本草纲目》称:"莱菔及泡煮服食,大下气,消谷和中,去痰癖,肥健人。"有传说:苏州清代名医曹沧洲用三钱萝卜子治愈了慈禧太后病体。嗣后,慈禧赏赐顶带给曹沧洲。所以,在苏州坊间有"三钱萝卜子换顶红顶子"的戏说。春饼圆圆如金元,而且香而酥。

春分吃太阳鸡糕

太阳糕，即米粉夹糖糕，上印太阳、金乌或公鸡图案，所以又叫太阳鸡糕，用以祭太阳神。

金乌又称金鸟或金鸡，于春分前后至农家，每日清晨催农夫下田耕作。

太阳神是天帝的儿子，中国的神话中，金乌有三只脚，金子一般的羽毛，身体内能散发出极强极强的热力。天帝规定，每天金乌驾着龙车，从汤谷升起，在空中绕行一圈，把光和热献给大地，然后降落在禺谷，用身体的热力，使世界光明温暖，万物生长，人类感激它的辛劳贡献，也不再叫它金乌，而尊称它为"太阳神"。中国把对人类作出贡献的炎帝、赤帝，或谓尝百草之神农氏，也尊为太阳神。

清明吃青团子

清明节是中国人上坟祭祖的日子。中华民族有着尊祖、敬祖的优良传统，历来把祭祀祖先当作一件大事。唐玄宗于开元二十年（公元732年）做出规定，在清明节为官吏放假，上坟祭祖。宋代规定，从寒食节到清明，祭扫坟墓三日，"大学"放假三天，"武学"放假一天，以便师生扫墓郊游。所以，清明节在过去也是国定的假日。

大禹（公元前22世纪）治水十三年三过家门而不入，他用疏导之法，使三江引流入海，太湖水患得以平息，水位得以降低，为太湖流域种植冬小麦创造了条件，深得苏州先人的爱戴。太湖流域至今还流传着许多关于大禹治水的故事。

青团子

每当清明节，人们都做了许多丰盛的祭品去供奉这位古代的帝王、治水的英雄。相传苏州有个年轻的后生认为，这样做有悖大禹生前节俭的品格，大禹在九泉下一定不安心。他与大家商量，用麦叶汁加入糯米粉中做成了青团子，将青团子供在大禹墓前，以告慰大禹苏州再没有水患，冬小麦长得很好，以示苏州人民没忘大禹的治水恩德。久而久之相沿成俗。至今清明上坟,苏州人仍以青团子作供品。最好的青团子是用燕麦叶汁与糯米粉制作而成,更是清香扑鼻。现在世界上很重视"麦绿素"对人体的医用价值,那么,苏州是最早食用"麦绿素"的地区了。

立夏吃咸鸭蛋

立夏苏州有称人的习俗。到了这天，不管男女老少都要吊在秤杆称一称，小孩胸前还要挂个咸鸭蛋。

咸鸭蛋

这一习俗起源于三国时代。那时，苏州是东吴孙权的势力范围。孙权对刘备借荆州不归还而十分不满。先施嫁妹之计，结果是赔了夫人又折兵；后又假说母亲吴国太病重，将妹妹孙尚香骗回东吴，要挟刘备归还荆州，但刘备既不肯归还荆州又担心孙夫人在东吴的生活。派去东吴的大臣临行前去请教诸葛亮。诸葛亮说:请孙夫人称一下体重,然后再带书信回来,刘皇叔就知道孙夫人在东吴的生活好坏了。

大臣到了东吴才知道东吴从不称人的体重,只有在出卖家畜猪、羊时才上秤。把孙夫人当作家畜当然不妥,怎么能使孙夫人乐意地称一下体重呢?他看这时东吴人正在忙过立夏节,街上的咸鸭蛋特别多,这位大臣仔细一想就有了策略。

在立夏的那天,他派人在苏州的大街小巷口设置了大秤称人,小孩称了还送一只咸鸭蛋,鸭蛋放在彩色丝线的小网袋里,挂在孩子脖子上,蛋坠在胸前十分招人显眼。并传言说:"立夏称小孩体重,是秤钩把小孩勾勾牵,挂了网袋里的咸鸭蛋代代相传,把小孩网袋网网牵。"意思不容易夭折,长得快。还传言说:"大人称了叫称心,吊胃口,一个夏天吃得下饭不掉胃口。"这样大人小孩都上秤称了体重。孙尚香也非常乐意地称了体重,大臣很出色地完成了诸葛亮交给的任务。立夏称人吃咸鸭蛋,小孩胸前挂彩色丝线网袋,里面放只咸鸭蛋。这个习俗就这样流传下来了,至今还保留着。

四月初八吃乌米饭

　　乌米饭是用野生蓝莓的树叶汁，浸泡糯米后煮成的。

　　民间传说，盘古开天辟地不久，人间种的丝瓜藤儿一直攀到天宫，人们便常常攀藤上天游玩。玉皇大帝得知后大怒，一面命托塔李天王用剑斩断丝瓜藤，把天宫升到九霄云外；一面又命天牛星取来百草籽，撒向人间。结果人间变成一片草的世界，庄稼凋零，百姓挨饿，哭声连天。天牛星闻声感到内疚。农历四月初八，是佛祖的诞生日，天上各路神仙都要去拜寿，天牛星也得去拜寿。天牛就在去拜寿的路上，悄悄地折回，背起天犁降临人间。因为天犁太重，落地时嘴巴磕在石头上，把门牙磕掉了，所以水牛是没有门牙的。

乌米饭

　　到了人间，它一边大口大口地吞吃杂草，一边用自己的奶拯救受饿的小孩和病人,一边拖着天犁翻耕。从此,大地又长出了庄稼。这事惊动了玉皇大帝,为处罚天牛星的目无天庭,对佛祖的大不尊,就让天牛星永留在人间,过着吃草耕地,给人喝奶的生活。而人们认为这样对待天牛星太冤枉了,真是"阿弥陀佛",天牛星拯救人类是大慈大悲,是对佛祖的大尊。

人类怕天牛星不会念经,农历四月初八煮了"乌米饭"给牛吃,因为"乌米"和"阿弥"吴语是谐音。牛吃乌米饭表示牛口念"阿弥陀佛",以示心中永留佛祖。同时也把乌米饭供奉佛祖前,再替牛念"阿弥陀佛",不能再说天牛星对佛祖大不尊。每年四月初八,让牛好好休息一天,并且和它一样吃乌米饭,表示人们不忘它的恩德,与天牛同甘苦。

四月十四轧神仙吃神仙糕

　　传说农历的四月十四是八仙之一吕纯阳的生日，这一天苏州有个重大的庙会——轧神仙。传说吕纯阳喜欢热闹，越热闹他越高兴越要去，他的仙气也越足。他在人群里挤来挤去就能使人得到仙气。苏州人把"挤"叫作"轧"，所以叫"轧神仙"，轧到了仙气可以消灾免祸。人们从四面八方赶来轧神仙，杭嘉湖和沪宁沿线等地都来人轧神仙。

神仙糕

　　庙会上所有的商品都戴有"神仙"的冠词。糕也成了神仙糕，因为吕纯阳会开仙方给人治病。人们到了神仙庙烧了神仙香后，求块神仙糕，食之可以延年益寿，事业可以步步高（糕）。

　　吕纯阳有时也要化作凡人，到人间点化世人。传说，苏州的洪钧在轧神仙时,看到有个"叫花子"疯疯癫癫地在喝尿壶中的尿,就说:"两口相垒不是'吕'吗？此人就是吕纯阳。"点破后,洪钧被吕纯阳大骂,"你这个昏状元"。后来洪钧果真中了状元,并与名妓赛金花发生艳情,不就是个昏状元吗？陆润庠也在四月十四轧神仙时,看见睡在两个陶罐口相对而作枕头的"叫花子"说:"吕纯阳不是在这儿吗？"吕纯阳骂他是"末代状元"。陆润庠确实是我国封建考试制度下苏州的最后一位状元。

　　台北的著名苏州籍女作家艾雯写过《轧神仙——苏州·父亲·我》,对苏州的轧神仙有细致的描写。

端午节吃粽子纪念伍子胥

农历五月初五是端五(午)节。

"端"是开始的意思,五月的第一个五,就称之为"五月端五",农历五月又有"午月"的称呼,所以端五还叫做"端午"。

端午粽

一般认为端午节起源于屈原,唐末诗人文秀的《端午》诗,有"万古传闻为屈原"。但吴越故地却流传着端午习俗起源于伍子胥。伍子胥(?—前484年),比屈原早200多年。伍子胥是春秋时期吴国的大将,他原是楚国大臣伍奢的儿子,因为父兄遭楚平王杀害而逃到吴国。

伍子胥刚从楚奔吴时,吴还是个僻处东南一隅的小国。他帮助公子光夺得王位——即吴王阖闾,又向阖闾提出建议:"欲安君治民,兴霸成王,从近制远者,必先立城郭,设守备,实仓廪,治兵库。"随即他"相土尝水,象天法地",在公元前514年造起了著名的阖闾城,即今之苏州城。夫差即位以后,伍子胥又辅佐他实现了称雄东南、争霸中原的伟业。这样一个有功之臣,就因为敢于直言,劝吴王拒绝越国求和并停止伐齐,失去了吴王的欢心,最后竟落到被逼自杀的地步。伍子胥死后,吴王还将他的尸体抛入城外的江中。吴地老百姓十分怀念伍子胥,把那条江命名为胥江,江边的城门为胥门。每年五月端五,都要在胥江等处进行"迎伍君"水上活动和龙舟竞渡,向江湖之中投掷粽子之类的祀品,来纪念他。

夏至吃面

"面",是所有食品中形状最长的食物之一。主要是用面粉制成。

面

相传,汉武帝曾与大臣们闲谈,谈到长寿的人时,说人的鼻子下的唇沟——人中一定也长。东方朔听了觉得好笑说:"彭祖活到八百岁,超过常人十几世,他的人中一定比别人长十几倍了,面孔一定甚长。哪有这样的长面?"后东方朔又感到有忤君威,拿出了用面粉做的长面条对汉武帝说,这就是长寿的面,后引申为生日吃长寿面。

夏至为什么要吃面?

夏至,太阳直射北回归线上,苏州在北半球,这一天白天最长。在晋朝以前,夏至也是一个重大的节日,后来因它与端午节相近,许多事都移到端午节去了,但苏州仍有"冬至馄饨,夏至面"的说法。因为古人认为盘古开天辟地以后,天地分开,天气渐渐上升,到夏至就不再上升了,这样白天这一天最长。古人认为"天长"了才能"地久",如果天地合起来了,人类就要灭亡。人们当然希望"天长地久",人类的生存绵绵而流长。面条的"面"和绵绵流长的"绵"是谐音。夏至吃面更能表示人们的心意。

六月二十三吃火神素
六月二十四吃接雷素

苏州地处亚热带地区,夏天炎热,含丰富蛋白质的荤菜在炎热的夏天极易变质腐败,一不小心食之容易中毒。苏州人在农历六月很讲究吃素,有钱人家干脆进佛门消夏食素,即吃六月素,就是一个六月都吃素食。苏州还有一俗语叫,"六月里瓜养命"。夏天苏州是盛产瓜果的地方,天气炎热胃口减退,以瓜当饭,既可补充水分,又可补充营养,也颇有科学道理。

六月二十三是火神祝融的圣诞,是火神把圣火带到人间,使人间告别了茹毛饮血的野蛮生活,火给了人间温暖,驱散了黑暗,人类开始了熟食文明的生活。这一天食素也是表示对火神的感谢。

六月二十四食接雷素。《清嘉录》这样记载六月二十四日,"二十四日为雷尊诞,城中圆妙观,阊门外四图观,各有神像。蜡炬山堆,香烟雾喷,殿前宇下,袂云而汗雨者,不可胜数。庙祝点烛之资,何止万钱?……"可见当时盛况,这也是世人敬畏雷公所至。至今很少有人再畏雷公,此景象也已绝迹。

苏州人常吃的一只素菜叫"炒素",或叫"炒素什锦",被誉为"素中之肉"。主要有香菇、黑木耳、香豆腐干、黄花菜等配料烧炒而成。

香菇是一种生于地木材上的真菌类食物。它营养丰富,含有人体必需的八种氨基酸,还含有抑制肿瘤的香菇多糖、降血压及胆固醇的腺嘌呤衍生物、抗病毒的干扰素诱导剂,能降低人的血糖,提高人体的白细胞机能,可以抑制人体中血清胆固醇上升,起到减肥健美之功效。

黑木耳也是一种食用菌类物。它含有营养丰富的植物蛋白质,其数量不仅相当于肉类,而且易被人体吸收,含多种微量元素,铁质甚多。有抗胆固醇、甘油三酯、抗动脉硬化、抗血凝。可以有效地降低血粘度,从而降低脑血栓的发生。

黄花菜又名金针菜,自古以来,就是一种美食。色泽金黄,香味浓郁,食之清香、爽滑、嫩糯、甘甜,被誉为"席上珍品"。由于含有冬碱等成分,具有止血、消炎、利尿、健胃、安神等功能。

香豆腐干是豆腐加佐料制成,豆腐的营养是植物制品之冠,因此有"植物制品营养状元"、"植物肉"、"小宰羊"等美号,治糖尿病有特殊疗效。香豆腐干不但香而且十分鲜美。

有这些素菜组合成一道炒菜,其营养当然十分可以,而且对人体健康极有帮助,所以苏州人不但吃得十分讲究,更吃得十分科学。在当今崇尚素食、讲究健康的时代,它有着十分重要的价值。

过去吃素后,苏州人就去松鹤楼吃卤鸭面开荤。

七月初七吃巧果

巧果是七夕节妇女们用面粉或用米粉制成的油汆点心。

牛郎织女的神话故事就出于苏州，传说牛郎是一个孤儿。兄嫂侵吞了父母所有的遗产，只分给他一条将死的老牛。一天老牛告诉牛郎："明天在银河边有七个仙女下凡洗澡，你把挂在柳树上的一套衣裙拿掉，让她回不了天庭，把她带回家成亲。"第二天，牛郎按照老牛的吩咐果然

巧　果

把织女带回家成了亲。他们男耕女织，过着幸福的生活，还生了一男一女。但天帝知道了牛郎织女的婚事，大为震怒，立刻派天兵天将到人间将织女抓回天宫。牛郎见织女一去不回，抱着一双儿女哭成一团。此时，老牛生命垂危嘱咐牛郎，在它死后穿上它的皮即可携儿女上天宫去寻找织女，牛郎又照老牛的吩咐做了。他用担子挑着儿女来到天上，眼看就要追上织女时，王母娘娘忽然拔下头上的金簪，在空中一划，他们中间顿时出现一条波涛滚滚的天河，牛郎织女和儿女隔河相望。哭声感动了天帝，天帝允许牛郎织女七日相会一次，叫喜鹊传信。喜鹊误传七月七日相会一次。天帝不能收回成命，罚喜鹊七月七日在天河上架桥，让

牛郎织女相会。

　　传说织女聪颖美丽,多才多艺。她会织云锦,还能缝制无缝的天衣。七月七日织女与牛郎相会见到自己的儿女,心情格外舒畅。如果在此时向她乞智求巧,她会将自己的技艺毫无保留地传授给人们。人们可以除去笨拙,变得心灵手巧。所以巧果也叫"乞巧果子"。吃了七夕供奉的巧果,人会变得很聪明,手变得很灵巧。苏州的丝绸和刺绣非常漂亮,都出自苏州姑娘灵巧之手,恐怕与七夕乞巧有关吧?!

八月十五吃月饼

月饼是中秋佳节的时令食品。饼圆如月，象征天上月亮圆，地上人团圆，因此深受群众喜爱，也是节日馈赠亲友的极好礼品。

月　饼

相传在远古的时候，天上有十个太阳，"日光似火，四海如沸，山崩地裂，草木枯焦"。人们难以生存。有一个力大无比、身怀绝妙射技的英雄叫后羿，一口气射落了九个太阳，只留一个太阳在空中运行。为了向后羿表示感激之情,一位仙人送给后羿一包不死之药,让他升天成仙。后羿和妻子嫦娥恩爱情深,不忍心将嫦娥一人撇在人间,遂将不死药交嫦娥保存。后羿有个徒弟叫逢蒙,是个奸佞小人,得知嫦娥藏有不死之药后起了歹心。在八月十五后羿出门打猎的时候,逼迫嫦娥交出不死之药。为了不让不死药落在坏人之手,嫦娥将不死之药吞服了,不料药性发作,嫦娥顿觉身轻如燕,飞向月宫。后羿回到家中,不见嫦娥,百般思念,便在院中摆下圆饼遥祭嫦娥。嫦娥闻到饼香,便下凡与后羿相会。年年如此。后来世人纷纷效仿,八月十五便做圆饼吃圆馔,以示团圆。

圆饼就是后来的月饼。

吴刚桂花酒惹的终身伐桂的祸

传说吴刚原是苏州人,他是怎么到月宫里去砍树的呢?

吴刚与东海龙王是老朋友,因东海龙王十分喜欢喝他的桂花酒。吴刚除了种桂花树以外,也就是喝他自己酿的桂花酒。他们俩总喜欢一起喝酒。

有一年八月十五的夜晚,两人在桂花树下饮酒,吴刚面对一轮明月,冥想着到月宫去玩玩的念头,就对东海龙王说,"您能不能带我到月宫去玩玩。"东海龙王酒喝得有点醉意,听吴刚要去月宫,这事太容易的,就显了龙身叫吴刚骑在它背上,向月宫飞去。

到了月宫才发现龙鳞里还夹了一棵小桂花树,吴刚看见了不由自主地往地上一插,东海龙王还喷了口水,桂花树一会儿就活了,吴刚很高兴。他们俩就向广寒宫走去,谁知他们刚走到广寒宫的台阶的一半,天兵天将就来捉拿吴刚了。

当天兵天将把吴刚捉到那刚种的桂花树下时,吴刚知道自己闯祸了。那桂花树已经是一棵几个人都无法围抱的大树了。因为天上一日地上已千年,桂花树是地上作物,它是按照地上的速度在成长,在月宫一两个时辰,桂花树已经长了几百年了。桂花树快把月亮撑破了。吴刚不由分说抢起大斧就砍,可是已经无法把桂花树砍掉了。吴刚不断地砍,桂花树不断地长,两者正好抵消。从此吴刚不能有丝毫的松懈,终身在月宫砍树。

八月半吃桂花糖芋艿

中秋节，苏州还有吃桂花糖芋艿的习俗。

桂花糖芋艿

相传西汉末，王莽篡位以后，刘邦的九世孙刘秀为了恢复汉室，以邓禹为大将讨伐王莽。有一次刘秀吃了败仗，被王莽围困在昆阳。一时救兵未到，突围不成，粮草已尽，大家只能剥树皮、吃草根，真是遇难。有天夜里，正值八月半前夕，明月当空。月光照在如荷叶一样的草叶子上，微风一吹银光闪闪，引起了士兵的注意。他们一看是在水滩边，猜想大概是藕，但挖起来一看却是毛毛的黑根块，剥开皮后里面雪白，舔之有甜味。士兵们挖了几大筐给邓禹大将军，邓禹大为高兴。邓禹捧着煮好的草根块急忙去拜见刘秀说："主公，军粮来也！吉人自有天相，请尝此物！"刘秀一尝感到非常好吃。这样他们度过了八月半，等救兵一到，他们就突出重围。

后来，刘秀做皇帝，有一天十分高兴地谈起那次"遇难"的情景，谈起

芋艿   芋艿

吃草根块的事。刘秀突然想起其美味来了,说在皇宫里还没吃到这么好
吃的东西呢。有位太监说:"皇上何不下道圣旨进贡,就说八月半宫内要
食此物,纪念那次昆阳遇难之日。"刘秀一下子兴趣来了,拿起笔来就写。
但一想这无名野草如何下旨? 就叫"遇难"吧,有失皇帝之风雅,想此为
草物,就写了两个草头字为"芋艿"。

邓禹告老回乡,到了苏州的光福,把八月半吃芋艿也带到了苏州。
光福盛产桂花,在吃芋艿时放入桂花,其味更美。于是这一习俗就形
成了。

八月二十四吃糍毛团

糍毛团是糯米团子外面滚一层糯米上笼蒸制即成。《清嘉录》上记载"人家小女子皆择是日裹足,谓食糍团缠脚,能令胫软。"蔡云《吴歈》云:"白露迷迷稻秀匀,糯团户户已尝新。可怜绣阁双丫女。初试弓鞋不染尘。"

糍毛团

在1911年辛亥革命以前,小女孩在三岁时就要缠小脚,要把大拇脚指头弯到脚心底,只留小拇脚指头是直的。这样残酷的残害幼女,能不痛吗? 所以说:"小脚一双,眼泪一缸。"一个小女孩在幼年时期总与眼泪相伴,哭哭啼啼地成长也就残害了她的身心,束缚了她的思想,当她长大成立家庭也会影响对子女的教育。这也是造成社会落后的原因之一。孙中山领导的辛亥革命胜利后就禁止缠脚,妇女在这方面得到了解放。

现在糍毛团仅仅是苏州人很平常的点心,但在吃糍毛团时很少有人会想到,此物与中国妇女缠小脚有关。

九月初九吃重阳糕、喝菊花酒

    据梁人吴均《续齐谐记》记载：东汉时汝南有个名为桓景的人，拜道士费长房学习道术。一天费长房对桓景说："九月九日这天你家有灾，你赶快回家，让全家人都在手臂上扎上一只装有茱萸的红色布袋，一同登上高山，然后再喝点菊花酒便可消灾。"桓景听了连忙回家，并带领全家登上高山。傍晚，当桓景回到家中时，发现家中所有的鸡、鸭、猪、狗等均已暴死。费长房告诉桓景说："这些家禽家畜代你家受祸了。"从此之后，民间传说登高可以避灾，把茱萸称做"辟邪翁"，把菊花称作"延寿客"。

    苏州是平原地区，山既不多也不高，还有许多人，如家中的老太爷、太太走路都困难，怎么能登山？人们看到登上高山的第一人，总要插旗表示到达顶峰，所以人们想出了一个办法，在糕上插上小旗，表示也登"高"消了灾，因为"高"和"糕"是同音。为此重阳节必须做糕，有了糕就要吃。这就是重阳节要吃糕的习俗。

    在重阳糕中最为讲究的，要算在九层宝塔形的花糕上放两只小

重阳糕

羊,意寓"九九重阳(羊)"。有些人家还在门上插五色彩旗,有正方形、三角形、长方形等。旗上画的内容有"八仙过海"、"刘海戏蟾"、"竹林七贤"等,亦有取材于神话传说和历史故事者,重阳彩旗的边缘还镶有纸抽的流苏迎风飘扬,令人眼花缭乱,目不暇接。

冬至喝冬酿酒

　　《清嘉录》上说:"乡田人家以草药酿酒,谓之冬酿酒。"冬酿酒就是农家的米酒加入香草酿成的,酒浓度很低,十分甘甜,还有桂花的香味,老少咸宜,非常好喝。

　　冬至是二十四节气之一,太阳直射南回归线,是一年中白天最短的一天。古代称"冬至"为"日至"。先秦周朝以冬至为岁首,秦始皇统一六国,用夏历统一了历法,即现在的农历。

　　泰伯、仲雍是周朝周太王——古公亶父的儿子,他们奔吴到南方把周历也带到了苏州。苏州在先秦时也以冬至为岁首,苏州人"冬至大如年"的习俗一直保留至今。在外的家人冬至节要赶回来,分家的小辈们也要聚在一起吃冬至夜饭,喝冬酿酒。苏州人有句俗语:

冬酿酒

"有得吃,吃一夜,呒不吃,冻一夜。"这就是苏州人过冬至节十分形象的说明。直到现在,苏州人在冬至节的夜里家家要喝冬酿酒,小辈一定要到长辈家聚一聚的习俗。

冬至吃馄饨

在神话传说中,盘古开天辟地以前的世界,为"混沌世界"。"混沌世界"就是天地不分,天地相容,天地相裹的世界。盘古开天辟地以后,混沌中轻而清的部分冉冉上升为天,重而浊的部分沉沉地下降为地,从此有了天和地。古人认为天气冉冉上升到夏至,再渐渐下降到冬至。如果到冬至不停止下降的话,天地又要合拢,人类就要灭亡。

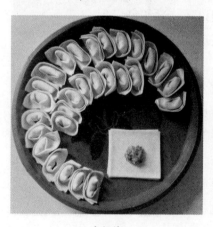
大馄饨

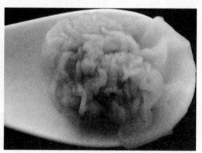
绉纱馄饨

为了不让"混沌世界"再次出现,家家户户吃馄饨。四四方方的馄饨皮象征地,因为古人认为世界为"天圆地方",即"天是圆的,地是方的",中间的馅象征天气。这样把"天地"裹在一起,就是"天地"不分,"天地"相容的"混沌世界"。把"馄饨"吃掉了,"混沌世界"就不会再有了。

现在没有人认为再会出现"混沌世界"了,但馄饨却是人们常吃的一道美味的小吃。

苏州还有大馄饨和小馄饨之分,大馄饨品味的主要是馅,小馄饨品味的主要是汤。

冬至吃红赤豆粥

　　冬至日吃红豆粥的习俗，在一千六百多年前已经有了，据说是为了预防瘟疫。南北朝时梁人宗懔在《荆楚岁时记》中说："共工氏有不才子，以冬至日死，为疫鬼，畏赤小豆，故冬至作粥以禳之。"

　　苏州的红豆粥格外精细，红豆和粥分别而做，红豆做成豆沙，粥上碗后红豆沙才浇上去的，有红云盖白雪之美。苏州人称其为"糖粥"。过去苏州有一只卖糖粥的器具叫"骆驼担"，可把灶具、碗盘、食物全放在担子上。小贩一边挑着担一边敲着梆子，发出"笃笃笃"的声音，孩子们听见其声就知道"卖糖粥"的来了。民谚"笃笃笃，卖糖粥"。糖粥就是红豆粥。

卖 糖 粥

（儿歌）

1= C 2/4

沙佩智整理作词
金志平 曲

中速 天真的 吴语

(1·6 56 | i·6 56 | i·6 36 | 5 — | i·6 56 | i·6 56 | 2·5 3 23 | 1 5 10)

‖: 50 55 | 63 50 | i 13 | 65· | 6·5 66 | i3 20 | 5 53 | 12·

1. 笃 笃 笃 卖糖 粥 卖糖 粥哎 三斤 胡桃 四升 壳 四 升 壳哎
2. 笃 笃 笃 卖糖 粥 卖糖 粥哎 三条 弄堂 四进 屋 四 进 屋哎
3. 笃 笃 笃 卖糖 粥 卖糖 粥哎 三个 小囡 四个 买 四 个 买哎
4. 笃 笃 笃 卖糖 粥 卖糖 粥哎 三个 铜板 四碗 粥 四 碗 粥哎

3·2 52 | 30 0 | 6·5 36 | 50 0 | i·6 56 | i i· | 2·5 32 | 10 0

吃了 你的 肉 还给 你的 壳 吃了 你的 肉哎 还给 你的 壳
听了 你的 笃 弄出 我的 屋 听了 你的 笃 弄出 我的 屋
吃了 你的 粥 怎么 还要 买 吃了 你的 粥哎 怎么 还要 买
买了 你的 粥 给了 我的 福 买了 你的 粥哎 给了 我的 福

1. 3
(5656 53 | 13 10) :‖

2. 4
‖50 55 | 50 55 | i 13 | 65· | 50 55

笃 笃 笃 笃 笃 笃 卖糖 粥哎 笃 笃 笃

50 55 | 51 | 12· | 50 55 | 50 55 | i 13 | 65· | 50 55

笃 笃 笃 卖糖 粥哎 笃 笃 笃 笃 笃 笃 卖糖 粥哎 笃 笃 笃

结束句
50 55 | 51 | 21· 1 — ‖ 50 55 | 50 55 | 60 05 | i 0 0

笃 笃 笃 卖糖 粥哎 DC 笃 笃 笃 笃 笃 笃 卖 糖粥

(i — | 5 — | 5656 13 | 56 50 | 5656 13 | 22 10 | X — | X —) ‖

叫卖声：卖 糖 粥……
众小朋友笑声：哈……哈……

腊月初八吃腊八粥

苏州西园戒幢律寺内，挺着大肚子、笑嘻嘻，身背红布袋的佛像，人们叫他布袋和尚。传说他就是"腊八粥"的创始人。

很久以前，他来到苏州西园，每天在斋堂打杂，发现有食物被抛落，都要捡起来放入布袋，几年来他收集了许许多多粮食。

腊八粥

那一年农历十二月初八，是佛祖释迦牟尼得道的日子，西园举行大典。管钱粮的和尚上大殿念经，忘了开仓取米。布袋和尚无米可做饭，就把收集起来的各种粮食拿出来煮了粥。

快到中午了，管钱粮的和尚想起忘了开仓取米，知道闯了大祸，难免戒尺加身。当他急忙跑到伙房时，只见大锅小锅都热气腾腾，掀开锅盖一股香味扑鼻而来，一尝味道真不错。这时他舒了口气。

在开斋的时候，他给大小和尚讲了个故事："今天是腊月初八，大家都知道是佛祖得道的日子，佛祖成道之前，为寻求真谛，云游名山大川。一天他来到印度的尼连河畔，他昏倒在地。一位牧羊女见了，将自己的午餐喂给佛祖吃。牧羊女的午餐是用各种谷物混合做成的粥，叫八宝粥。佛祖吃了粥，在菩提树下静坐沉思，突然悟道成佛。这八宝粥，今天我也给诸位师傅准备了，请师傅们用斋。"

当家法师赞扬他一番。这赞扬就成了佛门的规矩，这样一年年地延续下来。因为这粥是每年农历腊月初八吃的，俗家人叫它"腊八粥"。

《吴县志》上也有记载："八宝粥——糯米杂果品拌粥，曰八宝粥，十二月八日，僧尼以八宝粥馈道，檀越（即俗家人）曰腊八粥。"

十二月二十四"送灶"吃汤团

农历十二月二十四日，民间有个习俗，就是"送灶"。

汤　团

"送灶"就是送灶神。灶神又叫灶君、灶王，苏州人叫他"灶界老爷"。灶神的"职司"一户之祸福。

民间传说，灶神每年要上天一次，向玉皇大帝汇报他所在那户人家的善恶。送灶就是在他上天"述职"之时给他饯行。送了灶神，可以毫无顾忌地宰杀家畜家禽忙着过年。送灶的时间正好在腊月将尽之际，因此就成了年俗的一个重要组成部分。

苏州民间送灶，有"官三民四"的说法，就是当官者二十三日，百姓二十四日送灶，所以不官不民者被列为"不三不四"。这也成了苏州人骂那些不太像人的口头禅。过了这两天再送灶的都是烟花堂子，因为二十三、二十四日还要接客，无暇送灶，到二十五日，人家都开始忙过年了，他们才进行送灶仪式。所以苏州人还有一句口头禅："七颠八倒，廿五送灶。"比喻不按规矩办事乱了章法。

送灶的仪式是在晚上进行的，那天晚餐就是"豆沙甘松粉饵团"，即是豆沙汤团。现在居民家中没有土灶了，也没有人再送灶神了。但腊月二十四日吃"汤团"的习俗还保留着，特别是有老人的家庭，这一天吃"汤团"，可以调剂一下口味呢。

大方糕的传说

　　"大方糕"的传说是《珍珠塔》故事大圆满后的"续集"。方卿金榜题名,高升为三品命官,七省监察御史,回到苏州与表妹陈彩娥成亲,生儿育女很幸福。方卿认为自己有今天的一切都是天意在救他。

　　方卿于是在苏州同里盖了一座望天楼,每天早上方卿都要带领一家人登楼拜天,用糕为供品,糕也成了他们每天的早餐,吃了表示高高兴兴。厨师看见方卿家天天这样吃,总要吃厌了。厨师想,要让方卿每天既吃到糕又要吃不厌,为此厨师动了许多脑筋。

中国方糕

　　有一天早上厨师捧放在方卿面前的糕,不是平时的圆形的糕,而是洁白如玉的大方糕,糕上还有"福、禄、寿"的精美图案,图案下隐约可见不同馅色。方卿见之又惊又喜,就问"此糕,是方糕吧?!"

　　厨师马上接过话音说,"当然是方高(糕),大人总要比县(圆)老爷高。大人您是三品命官,七省监察御史,县(圆)官只是七品芝麻绿豆官,方本来就高。方高(糕),方永远比圆(县)高,大人家一代比一代高,代代高上去。"厨师利用吴音的方圆的"圆",和县官"县"是同音,又把高低的"高"和糕点的"糕"是同音,巧妙地替换下来。一席话逗得方卿十分高兴,那方糕内有各种馅改变了原来单纯糕的口味,确实十分好吃。方卿连连说:"很好!很好!"所以方糕起源于方氏家点。

　　后来方卿做寿,把家中的大方糕作为礼品赠送给亲戚、朋友。于是大方糕在苏州流传开来了。

有喜事吃定胜糕

定胜糕的外形如古代木制品的连接件，是拼接木制品的榫头。"榫"和"胜"吴语为谐音。定胜糕，定胜、定胜，一定胜利之寓意。

南宋建炎年间（1127 年），抗金名将韩世忠与金兵在苏州黄天荡交战。苏州百姓焦急万分，韩世忠只有八千人马，如何敌得住金兵十万骑兵？老百姓一直在观察敌情，发现因为黄天荡水面开阔，金兵无法在水上扎兵，在这一带金兵驻扎得比较少。这一情况一定要报告韩家军。

定胜糕

那天晚上，苏州老百姓把一筐筐定胜甜糕送到韩军营中，要见韩大将军。梁红玉把老百姓带到韩世忠军营帐内，老百姓拿起糕说："韩大将军啊！现在金兵的兵营，就像这块糕，两头大来中间小，大将军何不……"顺手把糕一掰，中间马上就断。

韩世忠得到这样的情报非常高兴，于是，韩世忠连夜调兵遣将，由苏州老百姓带路，像尖刀一样直向敌营拦腰砍断，使他们首尾难顾，阵脚大乱，只顾夺路而退，但被早已做好准备的梁红玉的精兵迎头痛击，在苏州的河港之间，骑兵发挥不了优势，溺死的也不少。

这一仗大获全胜，韩世忠十分感谢苏州老百姓送来的这些小小的糕点"情报"。韩世忠拿起这甜糕仔细一看像木定榫，就诙谐地说："难怪我们大胜！全军将士都吃了这'定胜'糕了！"

苏州百姓与韩世忠将士共同欢呼胜利。

从此，苏州百姓不管什么喜事，都要做定胜糕，也是喜庆和节日赠送亲友的礼物。

先有松鼠鳜鱼
后有苏州城

在二千五百多年前苏州是吴国的国都,那时的吴王叫僚。他的弟弟阖闾派刺客专诸刺死了吴王僚。刺吴王僚的剑就是有名的"鱼肠剑"。"鱼肠剑"就藏在这"松鼠鳜鱼"中。

阖闾接位后,才委派伍子胥建造"阖闾城"即苏州古城,所以先有松鼠鳜鱼后有苏州城。而这道苏州名菜苏州人已吃了二千五百多年。

祝枝山多管闲事管出了苏名产卤鸭

有一天,祝枝山来到苏州察院场,人声鼎沸,只见那里围了一大群人,中间还有一个小孩在伤心地啼哭。祝枝山走近打听,才知道酱鸭店老板在骂一个乡村进城的小男孩说:"人这么小已经学会瞎说(胡说八道),人这样小就要坏了我赵老板的名声。"村童说:"明明送来十只鸭子,要拿钱回家给娘看病的。"而赵老板只承认五只鸭子,但小孩送来的鸭子已经放到了鸭棚里了。赵老板说:"我好久没有进鸭子了,今天棚里原来就有八十七只,加了他五只一共九十二只,不信大家帮我数。"

村童没有人作证,也没有人为他说话。鸭子都是活的,与老板棚里的鸭都是一样的,没办法区分,根本说不明白,所以小孩哭得极度伤心,抽泣地、哭喊着说:"赵老板欺负我,各位大人救救我啊!"赵老板也不示弱,"救你?我杀了你吗?"

在场的人也觉得有点难,谁能解这个谜呢?看见祝枝山就问,"祝大人有何办法来断此事?"大家也都抬出祝枝山来断是非:"祝大人肯定会有办法的!"祝枝山也是好事人,又看到小孩哭得这么伤心,就说:"办法是有的,但有个条件赵老板一定要答应,如果是赵老板欺负小孩,他的损失,他自己负,如果是这个乡小孩瞎说,赵老板的损失由我负。"赵老板在众人面前当然只能答应承担自己的损失。

祝枝山说:"赵老板说好久没进鸭子了,今天才进鸭子,那么在城里的鸭子和在小孩乡下的鸭子吃的饲料是不一样的,只要杀了这九十二只鸭子,看一下鸭肫里的食就能分清爽了。"大家一想对的,于是要老板杀鸭子,老板只得硬着头皮把九十二只鸭子杀完,一看鸭子的肫就很清楚。苏州城里老板的八十二只鸭子是吃谷子的,而农村小孩的鸭子是吃河里活食的,有小鱼小虾的。祝枝山说:"做生意与做人一样要老实,假的事情说不了真,真的事变不了假,我见那小孩哭得这样伤心,我相信他讲的是真的,小人怎么有本领来多冒五只鸭子,你想吃吃小囡,人家是要拿钱回去给老娘看郎中的,不能昧了良心。"赵老板在无奈之下受了罚钱。小人跪下来谢过祝枝山就回家了。

　　赵老板一下子杀了近百只鸭子卖不掉,为了使鸭子不变质,把卖不掉的鸭到卤里浸,每天把卤倒出来回锅烧,再把鸭子放进去浸。几天下来卤里滋味到鸭子里去成了美味的卤鸭,赵老板拿着鸭子去找祝枝山认错讨饶。祝枝山见赵老板已知道错了,卤鸭味道真不差。于是祝枝山给他题了"新制卤鸭味美价廉,货真价实童叟无欺"的字。那些看热闹的人都知道赵老板认错了,祝枝山给他题了词,于是大家都来尝用新工艺制的鸭子,都感到味道不错,赵老板的鸭子也一下子卖掉了,从此卤鸭成了赵老板的特色产品,也成了苏州的著名卤菜。

陆稿荐酱汁肉的故事

　　每年农历四月十四日,苏州有个庙会——轧神仙,在城内中市桥下塘,有一吕祖庙"神仙庙"。从四月十二日起,中市桥一带即热闹非凡,在神仙庙附近有个姓陆的开了家熟肉店,清明节快到,老板要去太湖横泾出行采购猪,店里缺人手,叫老婆到荐头店里找人来帮忙。

　　老板娘忙了一上午,快到中午了才有空去荐头店,因为去得太迟,荐头店只剩一个如乞丐一般的老头。荐头店的老板娘迎上来说:"你怎么刚刚才来,清明节快到了大家都缺人手,这位老伯自己说样样会做,就是人家不要他,你店里要人,没办法你就把他带回去吧!烧烧火也好的,荐费我也不要了。"那个老人赶忙说:"我会烧火,你们肉店就是火功不到,我烧的肉让你们清明节来不及卖,现在大半天已过去了,我工钱也不要了。"

　　老板娘根本不相信这个破老头的话,但,想了一想就如荐头店老板娘讲的烧烧火也是好的,于是就把他带回家里了。老板娘就叫他到灶门口烧火。这个人烧火十分偷懒,柴把不是一把接一把,而是第一把火熄了,才把第二把放进去,又要点"纸煤头"来引火。这样烧肉花的时间很长。老板娘就有点不耐烦,想明天再去荐头店另找一个人来帮忙,就对他讲:"你这样烧火不行的,明天你不要来了。"那人回答:"你明天来轿子抬我也不来了,我马上要走了。肉还要半个时辰,等一会,你再添把柴,肉就收膏了,半个时辰后就好。"那个老头说走就走,走出了厨房,老板娘想叫他再搭把手,追出去就不看见人影了,老板娘想自言自语地说:"怎么走得这么快,一转身人都不见了。"老板娘再走到灶门口一看,灶门口堆的稻柴一根也没有了,怎么都烧光了?还讲缺一把火,一看地上还有那人留下的一块破草席,老板娘拿起火钳,夹起草席就往灶膛里送。这条破草席如硬柴一样耐烧?老板娘满腹疑惑,看它到底能烧到多长时间?谁知这块破草席足足烧了半个时辰。

这时锅里的肉,香气四溢,店门人都是等着买肉的人。这时出行采购猪的老板也回来了,闻到如此香的肉也感到很奇怪。开始,他顾不上多问,卖肉都来不及,肉卖完后。老板就问老板娘今天的肉是怎么烧的?烧得这么香。老板娘一五一十地告诉了老板今天所发生的一切。

老板听后感到那个老头所说的火功的问题是很有道理的,就与老板娘说:"我们还是请那个老伯来帮烧火,如果不肯来多给点工钱给他。"说着两口子一起来到荐头店,去找那人。荐头店的老板娘说:"没来,我也不知他从何方来的?"于是老板娘对这老头的疑惑讲了出来,烧掉了灶门口一大堆稻柴,但,还感觉他烧得很慢,没到我家就知道我家的肉火功不到,人一转身就没影了等等。夫妇俩越讲越疑,"此人非仙即妖!"回到家,看到灶门口两只讨饭碗口对口相扣,中间一根绳,一段羊角。老板马上恍然大悟说:"吕纯阳来了也!两碗口相叠就是'吕也!'一根绳子'纯也!'羊角'阳也!'所以他说:'明天轿子抬也不会来了,'四月十四他的生日快到了,他又要回苏州现身了。"从此这家肉店的老板注重火功,用这锅肉的原卤汁烧肉,肉越烧越香,名气越来越大,真如吕纯阳大仙所讲的清明酱汁肉来不及卖。店大了就得请文人题字号,有个书生说:"商家姓陆,用吕纯阳留下的稿荐所烧的火功,就叫'陆稿荐'吧!"直至今日也是这样,每到清明时节,陆稿荐店前总是排长队买酱汁肉的人。

叫花鸡的传说

清朝同治年间,常熟北门外有个王四酒家。店主名叫王龙清,排行老四,在当地是个名厨。因为近日鸡常被人偷盗,王龙清特别留意。一天晚上,他听见鸡棚里有不正常的声音。他就轻轻地起床,拿一把刀走到鸡棚处,见一个人影带着鸡正在离开他家。他想是谁来偷鸡的?可是看不清楚是谁,于是,他就跟着这个贼出去,看看那贼回到哪家去,就知道是谁家来偷的。

但这个贼走出了村,到了村外把鸡头拧掉放了血,放到一泥潭里,用泥把鸡涂得像一个大泥团,放在木柴上烧了起来。那贼忙完了就躺下哼起小曲来了。王龙清躲在大树背后看得十分清楚。他不明白偷鸡贼为什么这样做,听他哼曲实在气人,火就上来了,再也看不下去了,一边举起刀直向那贼跑去,一边喊捉偷鸡贼!那贼听到喊声这么近逃不掉了,一翻个身,竖起来就磕头喊,"请开恩饶命!杀头不杀饿煞鬼,两天没吃了,让我吃饱了,再打我吧?"

王龙清也一直在纳闷,弄不明白贼为什么要用泥巴把鸡涂起来,放在火里烧?就指着火中的东西问:"你干吗这样做?我看你多时了。"那贼听王龙清对这个感兴趣,就直说了:"我们叫花子无家、无灶、无锅,偷了鸡就这样吃法,再等片刻马上就好,请恩人先尝。"一边磕头一边求饶。

王龙清才知道这小子原来是个叫花子,他们烧鸡的方法独特而且十分有趣,就耐心地等了一会。这时那叫花子,看了一下泥色,把泥团又翻了几下，柴火也差不多要熄了。只见他把泥团从火中滚到旁边，捧起来往地上轻轻一扔，泥团开裂一股鸡香从泥团子冒出来。又见叫花子把泥块扒掉，泥块带着鸡毛一起下来露出雪白的鸡肉，叫花子掰了一只鸡腿送到王龙清手中。王龙清看得出神，接过鸡腿就啃了起来，鸡肉很嫩！比他烧的鸡还要嫩，心想如果有酱料放入一定更好吃，就对叫花子说："起来起来！跟我回家！"叫花子吓煞了，又跪下磕头求饶，王龙清知道他误解了，就对叫花子说："不要偷鸡了，不要做叫花子了，帮我去开饭店烧鸡可好？"叫花子很高兴，从此跟着王龙清在王四酒家，烧他的叫花鸡，也成了王四酒家的一道名菜。

美味藏书羊肉的由来

很久很久以前，在藏书善人桥塘湾里，有个叫姚木碗的人。他以车制木玩具为业，因为经常车制木碗，随着时间的推移，人们把他的真名忘记了，人人都叫他姚木碗。有一次，他家中车制玩具的木料用完了，就像过去一样拿了斧头到穹窿山上去砍伐木头。他攀到山上往前走，看到大树下有两个白胡子老人在下棋，棋盘放在一段粗大的树木上。姚木碗觉得很好奇，这两位老人为什么不在家里下棋，而偏要攀到这么高的山上来下呢？他就静静地在旁边观看。隔了半个时辰，突然有个老人发现他了，就对他说："你是什么人，你看的时间很长了，快回家吧。"说完，一阵清风吹过，姚木碗眨了眨眼睛，等到睁开眼，两位老人和棋盘都已经无影无踪了，只留下了那段放棋盘的树木。姚木碗十分惊奇，等他想起上山砍树的事，赶快寻找那把斧头，不料斧头柄已经烂掉了，只剩下了一段锈铁。树砍不成了，回去怎么办？他只能把两老者下棋的那段木头背了回家。他到家一看屋都塌了，不远处坟墓的墓碑上写着他家人的名字。后来他遇到几位老人，姚木碗就把自己的经过说了，老人告诉他说："你在山上半个时辰，世上已经过了百年了，你遇到仙人了。"

姚木碗想自己背回来的那段树木是仙人用过的，也舍不得做玩具。他车了好多木菜碗送给左邻右舍，大家都说放了菜，吃起来味道很鲜美。这时候有一位卖羊肉的后生，头脑很灵活的，就请姚木碗把剩下的木头做了一只木桶锅来烧羊肉，结果烧出的羊肉果然鲜美无比，大家纷纷来买他家的羊肉汤,让他赚了不少钱。于是当地以卖羊肉汤为生的村民,也都学他的样子用木桶锅烧羊肉,烧出的羊肉汤味道也很鲜美。藏书人用木桶锅烧羊肉的传统就这样一直沿袭到了今天。

喝粥佐料鲞鱼

农历的六月,天气炎热,饭菜难咽,许多人家喜爱喝粥,既顺咽易食,又可补充体内水分。喝粥的佐料在特别讲究之家是"虾子鲞鱼"。这虾子鲞鱼不是在菜场买的,而都是在苏州有名的糖食店内有出售,因为这是一道十分名贵的佐料。

传说二千五百多年前,吴王阖闾出海征战归来,想吃海中捕到的鱼,但鱼已经被所司晒成鱼干,只得以鱼干以进。吃了鱼干以后感到非常鲜美!所以鲞鱼的字形是"美鱼"两字所组合。后来,鱼上再加虾子,味就更美,因吴王"想"吃此鱼,遂用"想"之谐音。

茉莉花茶的传说和保健作用

茉莉花茶是苏州的名茶。苏州虎丘山上,有个真娘亭,亭后就是真娘墓,亭前有块"香魂"的碑。苏州的茉莉花就与这位真娘有关。

真娘是艺名,原名胡瑞珍,她是唐朝长安城一家乡绅之家的小姐,从小聪慧、娇丽,擅长歌舞,工于琴棋,精于书画。因为安史之乱逃离长安时与父母失散,流落到苏州,被骗到山塘街"乐云楼"妓院里。真娘才貌双全,很快名噪一时,但,她只卖艺,不卖身,守身如玉。她为避开一些人对她的轻浮,不论吟诗答对,落款均以末丽自称。有空闲之时,她种一畦会开小白花的灌木排郁解闷,经她的精心栽培,花开花落、反反复复有好几个花期。她常把自己比喻这小白花,小而怜、白而洁。

苏城有一富家子弟叫王荫祥,人品端正,也有几分才气。对真娘仰慕无比,一心想娶其为妻。真娘因幼年已由父母作主,有了婚配,只得婉言拒绝。王荫祥还是不罢休,用重金买通老鸨,想留宿于真娘处。真娘觉得已难以违抗,为保贞节,撞墙自尽。王荫祥懊丧不已,悲痛至极。斥资厚葬真娘于名胜虎丘,并刻碑纪念,栽花种树于墓上,人称"花冢",并发誓永不再娶。文人雅士每过真娘墓,对绝代红颜不免怜香惜玉,纷纷题诗于墓上。

冰雪为容玉作胎,柔情合傍琐窗隈。

香从清梦回时觉,花向美人头上开。

说来也十分奇怪,待真娘魂没后,她种的那小白花幽香无比。大家都说："这是真娘香魂所附。"因真娘常谦称自己为末丽，大家就把末丽种的花叫作茉莉花。王荫祥常思念这位如花似玉的末丽，就采摘茉莉花，也种植这茉莉，用此花装饰自己的庭院，盆栽后放到自己的书房中以纪念花销玉殒的末丽小姐。用茉莉花泡茶真是沁人心脾，堪称天下第一香。

苏州茉莉花有"理气开郁、辟秽和中"的功效，并对痢疾、腹痛、结膜炎及疮毒等具有很好的消炎解毒的作用。常饮茉莉花茶，有清肝明目、生津止渴、祛痰治痢、通便利尿、祛风解表、疗瘘、坚齿、益气、降血压、强心、防龋、防辐射损伤、抗衰老等功效，使人延年益寿、身心健康。

茉莉花茶有"中国的花茶里，可闻到春天的气息"之美誉。它是用特种工艺造型经过精制后的绿茶茶坯与茉莉鲜花窨制而成的茶叶品种。在茶叶分类中，茉莉花茶仍属于绿茶。茉莉花茶在绿茶的基础上加工而成，特别是高级茉莉花在加工的过程中其内质发生一定的理化作用，如：茶叶中的茶多酚类物质、茶单宁酸在水湿条件下的分解，不溶于水的蛋白质降解成氨基酸，能减弱喝绿茶时的涩感，功能有所变化，其滋味鲜浓醇厚、更易上口，这也是北方茶客喜爱喝茉莉花茶的原因之一。各类茶叶其保健本质大同小异，各有特色，茉莉花茶除了具备绿茶的某些性能外，还具有很多绿茶所没有的保健作用。茉莉花茶有"祛寒邪、助理郁"功能，是春季饮茶之上品。

苏州人的"虾头虾脑"

苏州话的语音是简单的,但语言丰富。有一语谓"虾头虾脑",我想是否出于苏州人讲的"花头"。

据潘君明老师讲:"'花头'出自花市,花的品种相同,买者喜欢选有花头(指花朵、花蕾、花苞等)的、花头多的,而无花头、花头少的往往没有人要。'花头'的多少也能看出种花人的技能高低,后来又引申为评判一个人的技能高低、本领大小。"讲您有"花头"喻为技能高,本领大,而"呒花头"则贬您。所以我想,这"虾头虾脑"可能来自"花头",因为在苏州吴语方言中"虾"与"花"为同一读音;另外语言有关联性——有头必有脑,而且"脑"有会动脑筋,点子多的意思,而加了一个"虾"字意为小处的技能和点子了。那么我们来看看苏州人是怎样治虾的,就可以看出苏州人的治的小技能和点子了。

在苏州的河湖中有一种甲壳类的节肢动物很小却很美,也是画家们入画的素材之一,它的味道也很鲜美,它叫虾。

首先来介绍一下苏州的虾,有个谜语,十分形象地道出了虾的特点:

> 身披铁青甲,扇尾带弓腰。
>
> 有枪不会放,有脚不能跑。
>
> 水中浪里蛟,岸上蹦蹦跳。
>
> 翻入烫热锅,青甲变红袍。

铁青甲——铁甲是因为虾是甲壳类动物。青甲——是指虾的甲壳呈青色,甲壳内有虾青素,但下锅遇热后立即变红。经现代科学研究发现虾青素是最强的一种抗氧化剂,颜色越深说明虾青素含量越高。它还有助于消除因时差反应而产生的"时差症"。

扇尾带弓腰——虾身体扁圆,尾部逐渐细的拖着如扇子一样的尾巴,半透明的如弓一样的身体富有弹跳性。弯弓着身体,仿佛永远做好跳跑的准备,受惊吓时,弓一般的身体一屈一伸,尾部向下前方划水,如箭出弓十分敏捷地逃逸。

有枪不会放——虾有须还有两根长鳌,苏州人叫它为枪,但它毕竟不是真枪,怎能放呢?

有脚不会跑——虾有前脚 3 对,还有前须 3 对,还有 38 只片状的泳脚,脚只是在水中游泳时发挥作用,泳脚像木桨一样频频整齐地向后划水,身体就向前驱动了。

水中浪里蛟——浪中之蛟龙是溢美之词了,在大风大浪的水中它早就躲在不知道什么地方了,一般就捕不到虾了。

岸上蹦蹦跳——这是虾将成美餐前的垂死挣扎,捕捉离水后,这如弓的身体不断地收缩跳动,直至体力和水分消耗殆尽。

翻入烫热锅——是指对虾的烹制。

青甲变红袍——是虾受热后,其虾青素就变成红色的了,虾壳富含磷、钙,对哺乳妇女、孕妇、小孩,虾有较强的补磷、钙等作用,此外,对哺乳妇女和孕妇分别有通乳和补益功效。

虾的味道很鲜美,人们喜食之。苏州是水乡,食虾极为常事,因为经常吃所以要经常改变口味,才能百吃不厌。怎么变?

变换口味:咸鲜甜的——油爆虾、盐水虾,椒盐的——椒盐虾;

变换颜色:红烧的——酱油虾、白烧的——清水虾;

变换形态的:去头的——凤尾虾、去壳的——虾仁;

变成形状的:捣成虾茸——虾圆、虾饼;

变成干的——晒成虾干,干虾去壳变成开洋;

变消毒方式——用高度白酒炝一炝消毒生食;

变换吃的方式:制作调味品——熬虾油、虾籽酱油、虾酱等等。

这已经变完了吗?还有没有呢!

虾的生殖性腺是在头壳内的,苏州人叫虾脑。六月雌虾性成熟期时,这虾怀卵,"脑"十分饱满。苏州人把这虾籽和虾"脑"当作十分名贵的精细的食料,用虾肉即虾仁与虾籽、虾脑三样一起炒就叫炒三虾;六月来临,这是吃炒三虾的好时机,能吃上一餐是一种满足和享受,也是一些食客们在六月所追求的美食,那我们一起来看看以下这些虾是怎样做出来的?

清溜虾仁:

先要把虾"出"成虾仁,"出虾仁"要有足够的耐心,也可以说是个技巧活。看有技巧者把虾头或虾尾拉掉,一掐整个虾壳就全下来了,这一工作苏州人叫"出虾仁",其标准动作并没有剥的过程。但如果没有掌握这个技巧,有一段虾壳就会留在虾肉的中间。这一小段虾壳,业内人或吃客戏称"金戒指",仿佛手指上戴的一枚戒指一样,也有人称之谓"穿马甲",即如背心一样,以调侃"出虾仁"者技术"蹩脚"。如果留下了这"金戒指"或"穿马甲",那工夫可大花了,只能用指甲去剥。只有技巧较差的才是剥的,如果是剥虾仁,其工夫成本还不知道要上升多少?到目前为止对这小虾,只有用手出成虾仁,暂无其他方法,所以有些店家说:"手剥虾仁"只是噱头而已了。把虾出成虾仁后,即把虾仁上浆,这也是技术活,在虾仁中放入盐、蛋清、生粉。这盐和生粉放的分量一定要适当,如果盐放多了咸不要说,而且虾仁老,虾仁嫩嫩的感觉就没有了,如果放少了,用师傅的话说上不了劲;还有放入的生粉多少比例全靠师傅的经验,要看虾仁的成色、水分的多少?如果少放就浆不够,没有起到保嫩和保鲜的作用,如果放多了,对虾仁的鲜味会降低,让人感到有粉的感觉。蛋清、生粉、盐等调料放好后要不断地顺着一个方向，用手在盆中搅动，一般可能要连续搅拌半个小时左右，让生粉、蛋清、盐全被虾仁吸收了。上浆后还要放上半小时至一小时，师傅们说让它醒一醒，实际上要让虾仁把调和品全部吸收进去。

虾仁"醒"后，可下油锅了，看油温也是厨师的经验，不能太高了，如果油温太高，师傅们说浆头就全脱掉了，起不到保嫩、保鲜的作用了，如果油温太低了下锅，油就如水一样把浆全洗掉了，一锅子浆和油了，用师傅的说法油温六成热即可。那为什么叫溜虾仁呢？不叫炒虾仁呢？炒是油温较高，动作较大、较快；而溜是油温较低，动作较小、慢动作。铁勺轻轻地推动着虾仁，虾仁在油锅中缓慢地搅动，让每粒虾仁在油中独立出来，虾仁在油锅中的时间也要适当，太快不熟、太慢就老了，也不能全熟，要考虑到出锅和传菜时虾与热油的关系还在进行，要让虾仁到客人桌上正好全熟，又嫩又鲜，美不胜收。

而吴门人家的官府虾仁要求就更高了，不但这虾要挑选大而壮实的，而且还要活的出虾仁，活出虾那就更难了，因为是活的虾肉和虾壳还有关连，所以出虾仁的技巧还要克服这一难关。另外，吴门人家烹调是不用味精的，因为他们申报的苏州织造官府菜制作技艺，是中国农耕文明发展到极致时的清代苏州官府的制作技艺。那时并没有工业化味精等调味品，在溜虾仁前还要熬好虾油，才能溜虾仁。熬虾油是把活虾放入油锅中熬，把虾的鲜味熬出来而进入油中，待此虾油的油温降至适温后，再把待制的虾仁入锅溜后而出锅。现在人们都知道吴门人家的菜肴好吃，可能还不知道这内中许许多多的奥妙吧！

熬虾籽酱油：

虾籽就是虾卵，每年六月是虾产卵的季节，虾卵依附在虾的泳脚之中间，虾在六月初或中虾籽还不太成熟，最好要六月中以后虾籽比较饱满。先"出虾仁"，在出虾仁时要把带籽虾的虾壳、虾头和虾仁都分开放，因为要分别处理,虾头要用水煮一下就可剥出"虾脑"来,而虾籽是用水洗出来的,把虾壳在水中过一下洗去杂脏物,把虾壳放在一淘箩中,淘箩放在水盆中,用双手搓揉虾壳让虾籽脱离虾壳,再让虾籽渐渐地沉下水中漏出淘箩落到盆底,这样反复地搓反复地淘洗,待虾壳上的籽全落下来了,虾壳浮在水上,把淘箩提起,籽壳分离。用一块纱布把虾籽滤干,捡掉杂质就是干净的虾籽了。将虾籽放入锅中再加姜、葱、黄酒烧一下,让腥味除去,再加酱油,用大火烧开即为虾籽酱油。

油爆虾:

油爆虾是苏州一道著名的冷菜,冷菜是苏州宴席中的开席菜,是客人来前就可准备好的菜肴。客人可先坐下饮酒寒暄,也为厨房准备上热菜争取了时间。油爆虾口味鲜嫩,略带点甜,要挑选鲜活的河虾,才能有鲜的感觉,如果用冰冻虾其味全消,虽然冰冷能保持虾不变腐,但无法保留虾鲜美的感觉,所以此虾是否新鲜,哪怕蒙着眼睛,虾一到口中就能知道此虾的新鲜程度,这就是舌尖上的功夫。虾全身都是蛋白质无油脂,蛋白质遇到热就要收缩肉质变老,可不是清溜虾仁,经过浆搭后虾肉外面有一层保护层,油爆虾虽然外面有虾壳,虾一遇到热蛋白质收缩水分就脱离虾肉而出来,所以一般烹调时间不能太长,师傅们看到虾头腮边的壳向两边翘起来了,就可以起锅趁热倒在预先准备的酱料中,让酱料的味道被虾吸收其中,如果不是趁热那味道就大不一样了,其味难融于虾了。

吴门人家收集的是苏州官府之家的烹调技艺。把虾倒入适温油锅中搅一下马上起锅,即浸入黄酒中,让其冷一冷,从黄酒中捞起来沥一沥,再下油锅一搅再起锅,再浸入黄酒中让其冷一冷,再从黄酒中捞起来沥一沥,三下油锅一搅捞起来,三浸入调料中。其味与一般的油爆虾就大不同了,河虾的鲜、黄酒的醇香、虾肉的嫩在舌尖上呈显无遗。

带籽盐水虾:

盐水虾,是人们常食之一道美味菜肴,也是烹制虾的一种最简易的方法,只要把虾放入水中煮一下即可食用,省工省力而且味道并不差。有几个关键点要注意:一,水在锅中要先放下葱、姜、酒;二,一定要水开后把虾放入锅中;三,断生后即把虾捞出来,这三点都是不使虾肉被煮得时间太长,而虾肉发硬即老;把虾汤中的葱和姜也捞出来,待虾汤冷却后再把虾倒入虾汤中浸一段时间即可。

吴门人家的带籽盐水虾是从苏州官府中传下来的,虽然烹制方法上与一般的盐水虾差不多,但因为是带籽盐水虾又有许多不同。雌虾于夏季产卵,选用鲜活带卵大雌虾,籽饱满虾脑正充实。先用出了虾仁的虾壳熬成虾壳汤,把虾壳捞出即成为煮盐水虾的汤水。在这汤水中除用以解腥的葱、姜、酒外,不加其他调味,煮沸后,落下虾。虾卵附在母体泳足上,操作时动作亦须轻柔,怕虾籽脱离泳足而落入汤中,再加盐、酒至虾断生即捞出。捞出后还要去虾头壳和虾须。这样食用时既能吃到虾籽又能食用到虾脑,不必为了品尝到虾脑还得用手剥去头壳,在官府中用手剥虾壳为不雅之举。再捞去原汤中的葱、姜,澄清凉透,再入虾,浸一刻钟左右即成。这样的带籽盐水虾,虾色红,脑满,子实,肉嫩,欲食虾之原味,莫过于此菜。虾味更浓,虾味更鲜。

做虾饼子的故事:

吃虾饼子可是件奢侈之事,许多老苏州家庭每年夏天要做上一两次。小时候隔壁金家姆嬷是做虾饼子的高手。当她每回做虾饼子的时候,我是守在她旁边的一条馋食虫,从出虾仁,把虾仁倒在毛钵中,再加入葱白用小木柱捣,捣成茸后加鸡蛋一起搅,搅得如酱一般,稍加一点盐、姜水拌。拌匀后,用瓷匙舀入一小堆热油中。此时炉火不太旺,油锅里发出吱的声响,油在虾饼子四周不断地冒着小油泡,虾饼子的颜色从四周发黄。虾饼在慢慢地黄色向中间延伸成为一小点儿,最后全黄虾饼就要翻一翻面了,翻面后就可起锅了。金家姆嬷就这样一个一个地煎好虾饼,放在碗里。这是最馋人的时候,好看但不能吃,一定还要加上酱油、葱、姜、糖、酒,回锅烧一下。盖着锅盖,我什么都看不到,这时候是最让人难受的过程。当锅中没有了水的沸声,发出吱吱之声响时,掀开锅盖把虾饼子翻一下,可让锅中的汤汁比较均匀地裹在虾饼子上后即可起锅,这鲜香味让人直咽口水。

这一过程的情景已经过去几十年了,我那时是一个小女孩,现已经到祖母一级的年龄了,做虾饼子的过程仍然依稀记得,情景历历在目,但从没操作过。如今要再现虾饼子毕竟有点不知所措。一定要找一位老苏州现场指点我一下心中才踏实,于是想到了吴凤珍老师。

吴凤珍的祖上在明朝朱元璋时代就到苏州定居了。吴凤珍老师虽然是一位邮政工人,但她是苏州著名老作家,80岁了还能在电脑上写作。她的第二次婚嫁处理得也十分有气度受人敬佩,听她讲这些故事的时候我会感动得流泪,我十分尊敬地说:"吴老师,您十分聪明,苏州有您,我们很骄傲!"我认为吴老师是一位"上得厅堂,下得厨房"的多才多艺知识女性。这虾饼子她一定能做,由她现场指导,我一定会掌握做虾饼子的技巧。那天我带上5斤小虾来到吴凤珍老师家。吴老师知道我们要去,还泡好了茶,凉着等待我的到来。

第一道工序就是要出虾仁,我拿了一个垃圾袋,把垃圾袋口撑开准备边出虾仁边扔虾壳,吴老师看出我的意图十分吃惊地说:"虾壳怎么扔掉?虾壳烧汤鲜得不得了咯!"于是我笑了,想起父亲曾经讲的故事,就对吴老师说:"苏州人会过日脚,听我父亲说,苏州人热天的洗澡水都是在太阳里晒热的。"吴凤珍接上我的话题说:"是咯,苏州的井水是很冷的,下午吊了井水放在浴桶里,摆在太阳底下还不算,再泡上一壶开水,连壶放在浴桶里,等到洗澡时浴桶里水热了正好洗澡,壶中的开水成了一壶冷开水。这样做并不是因为贫困,有铜钿的人家也是这样过日脚的,这叫滴水不漏。"父亲曾讲给我听的故事,不但在吴老师那里得到了证实,没想到还更加完善。

我们边谈边出着虾仁,那虾有点滑,我说:"这虾不太好掐有点滑,呷要放点矾水?"这是从卖虾的人那里听来的小窍门,我也有点充内行。但在苏州生活经验有几百年的吴门世家面前,就没有我的话语权了,吴老师说:"用不着的,倒点茶叶水就可以了,倒点在虾上就不滑了。"吴老师为我准备的茶正好凉了,于是我把凉茶倒了点在虾上,十分奇怪虾就没有滑滋滋感觉了,虾掐在手中就有了爽的感觉,出虾仁也容易多了,速度也加快了。但5斤鲜虾我俩也花了一个多小时才完成任务,再捣和煎等工序一共花了两个多小时。这5斤虾才做了十来个虾饼子,一个虾饼子要10多元钱成本,十分奢侈。这成本还是夏天的价格,如果在冬天,成本还要贵好几倍,这也使我懂得苏州人为什么要在夏天吃这道菜?天气炎热的虾容易死亡,虾贩们卖得便宜,易于出手。如果冰冻后虾鲜味就大打折扣了。苏州人会过日子。他们有时是十分奢侈的,但他们奢而不糜。这就是儒家的"乐而不淫"、"惠而不费"、"欲而不贪"的真实写照。他们的奢侈是生活之细腻!做虾仁饼,不仅仅是做虾饼的技术,生活节俭得滴水不漏是世人值得学习的地方。在苏帮厨师中物尽其用,也是考核良厨的一个标准,我们要传承的不仅是技能,还有节俭的思想。

这都是苏州人的"虾头虾脑"。

从红曲透视苏州菜的内涵

一年多来,我对"红曲"产生了浓厚的兴趣。一年多前对红曲这不起眼的食品添加物从来没有关注。苏州的卤鸭、酱鸭、酱汁肉、樱桃肉、糕点中的红糕……所有这些食品中的红曲,对一个苏州人来说已经是司空见惯了,竟意想不到"红曲"除了色泽红亮外,会引起世界许多科学家的重视。去年我从遇见华裔医学科学家——袁钧瑛后,才对"红曲"产生了兴趣。

去年春天,我请袁钧瑛教授吃饭,其中有一道菜"樱桃肉",红艳艳的樱桃肉引起了袁钧瑛教授的注意,就问我:"这红色是什么?"我回答是:"红曲粉!"袁教授十分高兴地说:"你可知道我每天在吃红曲粉!"

这位美国哈佛大学的华裔医学终身教授,她是中国科学院引进的三位海外顶尖人才之一,世界著名科学家,怎么在服用中国的红曲粉? 于是我问"为什么?"袁教授回答说:"红曲里有天然的洛伐他丁,他丁全世界都知道是降血脂的特效药,其实也不是降血脂,是阻止血脂在体内合成。我服用提炼的他丁有副作用,而服用这'红曲'的混合物反而没有副作用。"听了袁教授一席话,促使我不得不去了解"红曲"的相关知识。在这探究的过程中,既提升了我对苏州菜肴的认识,更使我对苏州菜的认识有了新的高度。

由此,想到苏州大学国学研究所所长余同元教授曾对我说,"苏州菜注重养生!"他这一观点我过去难以接受。因为苏州菜的文化历史资料十分厚重，还有苏州人精工烹调苏州菜的味道是能手，何必非要往"养生"上靠，把苏州菜说得如神一样，免得给世人有牵强附会的感觉。

与袁钧瑛教授一席话下来，顿时感到余同元教授所言极是，这分明是我的知识储备量不够，如何理解、认识苏州菜的内涵深度不够。于是我开始学习"红曲"的文化。

红曲，古代称丹曲，既是中药，又是食品，是中国人的一大发明；生产、应用历史已有一千多年了；是一种红曲霉属真菌接种于大米上经发酵制备而成的。中华民族是最早食用红曲的民族。

在汉末文学家王粲(177—217)的《七释》中有"西旅游梁，御宿素粲，瓜州红曲，参糅相半，软滑膏润，入中流散。"我国最著名的明代医学家李时珍在《本草纲目》中评价它说："此乃人窥造化之巧者也"、"奇药也"。还有大量的中医药典中有大量的记载，如：元朝吴瑞所著的《日用本草》、饮膳太医忽思慧在《饮膳正要》、朱丹溪在《本草衍义补遗》、清汪昂在《本草备要》等等，记载了红曲的药用价值：主要有活血化瘀、健脾消食等功效，用于治疗食积饱胀、产后恶露不净、痕滞腹痛和跌打损伤等症。《天工开物》则记载了红曲的制作过程，更让人十分欣喜的是英国李约瑟博士的《中国科学技术史(第六卷)·生物学及相关技术》中也有详细记载。

在中国古代药典著作中主要阐述："红曲酿酒，破血行药势。"红曲"健脾、益气、温中。""活血消食，健脾暖胃，治赤白痢，下水谷。""入营而破血，燥胃消食，活血和血。治赤白下痢，跌打损伤。""红曲主治消食活血，健脾燥胃。治赤白痢，下水谷。酿酒破血行药势，杀山岚瘴气，治打扑伤损，治女人血气痛及产后恶血不尽。"

中医中药的"痛苦"是讲功效，讲服用后的结果，而且实践证明是正确的，可惜没有化学分析报告，无法说服西方人。

直到1979年，日本远藤章教授根据《本草纲目》上记载红曲"活血"的功效受到启示，从红曲霉(monascusruber)的次生级代谢产物中发现了能够降低人体血清胆固醇的物质莫纳可林 K（mona-coli K）的生理活性物质后，才引起了全世界科学家的关注，日本、美国和欧洲等国家的众多学者专家对红曲的功能性、安全性、药用价值以及作用机理、分子结构等进行广泛而深入的研究，此后 30 多年来，各国的研究人员，尤其是中国和日本的研究人员对红曲进行了大量的研究和开发，并取得了令人瞩目的成果。

我国一些大中院校、科研单位也都对红曲研究有成果报道，如武汉工业学院的陈运中教授有《红曲的功能性及其应用》的论文，黑龙江省科学院应用微生物研究所谷军和杨旭有《红曲的功能及在调味品生产中的应用》的论文，世界共同证明红曲菌的保健功效如下：

1. 降低血清胆固醇　从日本远藤章教授从红曲菌培养液中发现了洛伐他汀，具有抑制胆固醇合成的功效。

2. 降血糖　有人曾直接以红曲菌的培养物做饲料进行动物试验，发现所有试验兔子在食用饲料之后的半小时内血糖降低 23％—33％，而在 1 小时之后的血糖量比对照组下降了 19％—29％。

3. 降血压　红曲代谢产物中的主要成分 g-氨基丁酸有一定的降压效果。

4. 预防老年痴呆（阿尔茨海默病）　高胆固醇会导致一种特殊蛋白质堆积在脑细胞中，引起脑细胞退化。莫纳可林可通过抑制胆固醇的合成，降低老年痴呆症的发生率。

红曲的这些保健养生功效正是针对现代慢性病，当下慢性病对人类生命的危害要大大超越传染病和癌症。红曲的降胆固醇药物已进入临床应用。红曲在医药、化工、食品、工业废水处理、农业等方面具有广泛的应用前景。

从红曲的对人体的保健作用，可以看出苏州菜肴中能运用红曲粉的意义，而让人们在享受美食的同时，不经意间服了一味健康养生的"药"，这是苏州医药学家的作用。事实不得不使我接受了余同元教授所持"苏州菜养生"的观点。故宫博物院的很多专家也十分赞同余教授的观点："乾隆皇帝喜欢吃苏州菜,因为苏州菜养生,乾隆皇帝对中医养生理念非常清楚的。"卫生部健康教育首席专家赵霖教授也说过,乾隆皇帝是中国皇帝最长寿者,这与他喜欢吃苏州菜可能有很大的关系。对此,可以作深入的研究。

那苏州菜还有什么可证明是健康养生的呢?这又迫使我向中医药学界请教。最近我拜见了钱学森支持创办的"南京唯象中医研究所"所长,七十多岁的邹伟俊教授。我请教他,我国中医理论中"上工治未病"是怎么治的,他回答:"就是养生。"吴门医派把每餐都纳入"养生健康"中去,邹伟俊教授说:"传统苏州菜有世界意义!有时代意义!"

后来,我又专程去北京中医药大学拜见了苏州籍人士,原常务副校长魏天卯先生和中医药专家张保春教授。我当面请教了西方对食品中的维生素理论与中医的养生理论孰优孰劣等问题。张保春教授说:"西方低级的化学理论和物理理论如何来解释人类生命的高级理论,现在西方的医学的理论越来越向中国中医药的理论靠近。"他俩最后的结论同样是:"传统苏州菜有现代科学意义。"这使我联想到全世界诺贝尔奖获得者为什么会发出庄严的巴黎宣言:"二十一世纪人类要生存下去,必须到中国孔夫子那里寻找智慧。"这就是站在世界科学前沿的大家们的时代背景。西方的工业化生活理论和方式遭到了质疑。在中国传统养生理念中苏州菜独占鳌头;在传统饮食上苏州菜的养生理念是在世界之上的。

在我不断请教中深感苏州菜的文化博大精深,苏州菜,不但有她独到的理论,还蕴涵苏州人的哲学思想,苏州精神,苏州文化,她孕育了灿烂的吴文化。正如一位故宫博物院专家、北京的世代老中医后人周京南对我说:"你们苏州人为什么能做精细活?为什么出现经典的东西?这与你们每天所吃的东西都有关系。因为你们每天吃得精细，吃水八仙，水中生物都属阴性，所以性格沉稳，才能做细活，读得好书，出得了状元，如果每天吃麻辣、烧烤，热血沸腾，性格就急躁，如果像你们苏州人一样生活就难了。"

在学习"红曲"相关知识中，我学到了许多，我们生活在人间天堂中，对自己的幸福生活不可没有感觉，不可对自己身边的事物熟视无睹而不加珍惜。贝聿铭的弟媳议论贝聿铭时说："他喜欢吃，懂吃！但，他没有吃，吃不到！作孽！"这也让我想起贝聿铭先生对我说的话："我对苏州很有感情，苏州传统的东西不要丢！"苏州菜的许多烹调理念和方法、烹饪技艺，怎么去理解、去认识、去研究？如前所述，樱桃肉在乾隆年间由苏州厨师带进了宫廷，一直到慈禧太后也喜爱吃樱桃肉，它也成了一道宫廷菜肴。这样一道苏州菜，有人认为要在炭火中焐七八个小时；有人认为是四小时左右；还有人认为放点硝只要煮两小时，更有甚者认为放在高压锅中一压一会儿就酥烂。同样一道樱桃肉不同的烹制方法，哪个方法好，或者说最正确？这要研究。这是苏州菜方方面面中的一件小事，但这就是一个课题。所以要研究好苏州菜可不是一两代人所能完成的。我们现在最迫切的任务是首先把苏州菜的传统技艺、方法保护好，传承下去，再让世人去研究去发现其中的价值和意义。如顾笃璜老先生十多年前对我说："你好好去弄苏州菜！把苏州菜搞好是很有意义的，苏州的东西都在失传，失传了可惜。"当时我并不理解，只是感到要听他的话。顾笃璜先生及金煦老馆长对我的寄托和希望，我正慢慢地在理解和领悟中。

如何认识、评价苏州菜？单依靠一人、一企业、一地的力量是远远不够的，因为有思想的局限性、有知识的局限性。这就必须走出去，组织全国乃至世界的科学家、学者、专家来对苏州菜作一个公平的论述和研究，在世界上才有可信度。

"天珍海味"是对食品生产、加工回归自然的呼唤

2002年4月29日,苏州市政府宴请美籍华裔世界著名建筑大师贝聿铭先生,让他品尝了一餐苏州家乡的春季家宴。餐后,贝聿铭先生兴奋不已,欣然提笔,挥毫写下"天珍海味"四个大字。这是一位世界级名人对当今**食品生产和食品加工回归自然**的呼唤,也是贝聿铭先生对贵族生活的怀念。

2008年,我曾随中国食品协会赴美参观在芝加哥举办的世界食品精品展。参观之后,我才知道当今世界对何为精品的标准,才引起我对此事的思考。所谓精品——绿色的、无公害的有机食品。这就是当今世界对食物精品的理解,其实这也是工业化以来人们开始对食品回归自然和恪守传统的一种呼唤。贝先生所题的"天珍海味"与当代食品精品观不谋而合。

有机食品的生产要包括以下几个要素:

土壤——食品原料种植方式回归自然,即种植食品原料的土壤要三年以上没施过化肥,而只施有机肥料的。

生产方式——食品生产管理方式回归自然,在食品种植生长过程中不能使用农药。

生产环境——要求食品生产环境回归自然,即要求食品原料生长的

周围环境没有有害有毒气体水液的排放。

在上述严格条件下生产出来的食品,现代人称其为精品;在工业文明以前,这种纯天然无污染的环境就是我们的生活,而现在随着工业化革命,带来新技术新发明的同时,也对传统食品的生产制作产生了很大的负面影响,如:化肥、农药、工业化饲养家禽、家畜的饲料中大量使用生长激素、抗生素等等。人们开始对工业化生产的食品产生了质疑和忧虑。随着癌症病人不断地低龄化、儿童化,这种质疑和忧虑还与日俱增。

"天珍海味"是贝先生对苏州传统饮食要保护和传承的殷切希望。传统苏州菜的制作工艺"烦"、"难",而工业化调味品的大量涌现,给食品加工带来便捷,不用深度加工,就可达到"美味",工业化时代的设备也改变了这"烦"和"难",如:煤气、高压锅等。

但为贝聿铭先生掌勺的史俊生师傅(面对这些大量的工业化添加剂)回答得十分干脆:"我们不懂这些东西!过去没有这些东西,我们就不做菜了吗?要想学苏州菜就不怕'烦'和'难'。""天珍海味"是贝聿铭先生对史俊生师傅的烹饪理念的肯定,也就是对传统苏州菜的肯定和赞扬。贝聿铭曾经对我说过"我对苏州很有感情,苏州传统的东西不要丢!"多年来吴门人家把继承"天珍海味"作为一项伟大的事业来做。

吴门人家遵循传统烹调方法,追根溯源就是原苏州织造当年接驾康熙、乾隆帝下江南的菜系,就是工业文明以前苏州和皇宫中最高层面的苏州菜。数十年来,史俊生师傅就是运用这样的理念培养了一批坚守自然、恪守传统的厨师。

苏州位于长江三角洲太湖之滨的千里沃野上,是镶嵌在京杭大运河上的一颗明珠,数千年来,农业经济繁荣发达、社会安定,经过东晋皇室的衣冠南渡、唐朝安史之乱中贵族南撤和南宋朝廷的南移,苏州成为中国贵族的集居地。这些官宦士绅们过着奢华精致、锦衣玉食的生活,所以对饮食制作要求也非常高。在明清时期（明1368—1644、清1616—1911），苏州是中国和世界经济、文化的中心！这些也造就了苏州菜精益求精、追求极致的风格。

贝聿铭先生祖籍苏州，是苏州的名门望族，狮子林就是他们的祖宅的一部分。他对苏州贵族生活方式，如《红楼梦》描写的生活方式是熟悉的。他也是留在当代为数不多的苏州老贵族了。因为当日本军国主义的铁蹄踏上苏州这块土地，苏州的贵族生活再也没恢复过。

12年前，苏州市政府在宴请贝聿铭先生前，曾征求他的意见，贝老却只提出要吃"小时候的东西"。其实这些都是苏州的贵族生活中的食品。于是，就有了这一桌非常传统的苏州春季菜肴。贝老出生于上世纪初叶（1917年4月17日），那时的中国苏州还处在田野牧歌的农耕文明时代，没有受到现代工业的洗礼，保留着几份恬淡幽静、河湖鱼虾成群的自然状态，其实贝老的要求看似十分简单质朴，却是贵族心态的释放。12年前，贝老面对宴席上的对每一道菜都是那样的兴奋，仿佛又回到了童年。

"腌笃鲜?！对！对！是叫腌笃鲜！……塘鳢鱼片！……蚕豆！……"对这些菜他久违了，对这些菜的名字也生疏了——但，只是稍稍顿了一顿，他又能迅速地回忆起来了，显得十分高兴！

贝先生把"山珍海味"改了一个"山"字，换了"天"字。这一字改得好，中国人的"天"就是自然界。"天"一年有四季表现出"寒热温凉"的特性。中国人有"天人合一"的思想，也是中国人最传统的哲学思想。自然界食物也有寒热温冷的特性，其特性对人体所产生的作用是中国人所关心的问题，"寒热温凉"的平衡，是中医中药的医理药理思想，也是日常饮食思想，讲究冬天要吃热性之物，夏天要吃寒或凉性之物，这样才对人身体健康有利，这是中国的食理的思想。

中国人自古还有药食同源、凡膳皆为药的思想。这也是中国人几千年来的生活经验的总结。而吴门医派素有甲天下的美称！他们把药做成美食，但并不让您感到有药味，而让您在快快乐乐享受美食的时候服了药。酱汁肉内有红曲，红曲就是一味药，含有天然的洛伐他汀是降血脂、降血压的特效药；苏式酱鸭，不但有红曲，而且鸭体内的油脂接近橄榄油；苏州芡实是中药中名贵的道地药材。又叫鸡头米是水中人参，具有补肾抗癌、抗病毒的功能。苏州菜中充盈着吴门医派修身养性及养生的智慧。这也是人类的智慧。连乾隆皇帝都爱吃苏州菜，因为他懂养生。

当今，人们在美食面前不知如何选择，盲目相信国外的所谓"科学"，引进的不知道是垃圾食品，毒害我们的下一代；还有去追求原始社会最低级的火烤等烹饪方式而吃进致癌的物质。所以贝聿铭先生"天珍海味"的呼唤具有国际意义和时代意义。

随着工业革命的到来，火车的开通，以大运河为代表的传统水路运输日渐式微。在中国经济迈进近现代工业化时代的过程中，上海港口的建立和国外经济的进入使其迅速崛起逐渐取代了苏州，而成为区域经济乃至中国经济的火车头。但苏州历史悠久，传统文化积淀厚重，许多文化遗产尚保存完好等，是独具魅力的。

今天，苏州人的居住地——古典园林被列为世界级文化遗产；苏州人高品位的精神享受——昆曲被列为世界级非物质文化遗产；苏州人为皇帝所做的衮服——龙袍也被列为世界级文化遗产。这些都已被世界所了解和推崇，但对于饮食这块，最具代表的苏州人的饮食文化却还没有取得相应的地位，大家还不认识她的价值。这可是代表中国传统饮食文化的主流，在中国传统饮食文化中，苏州菜曾经走进中国皇宫，而在皇宫内品用苏宴更需皇上下御旨，并必须放在最高贵的紫檀木书桌上享用，苏宴成为帝王的御馔珍馐，这应该是苏州菜的地位。但是，所有这些现在仅仅留存在档案里，鲜为人知。更为可惜的是，这些美味佳肴随着时间的流逝而从人们的视野中渐行渐远,有濒临失传的危险。

　　贝聿铭先生为家乡苏州菜题词"天珍海味"已经有 12 年了,借此机会,我想说的是:我们要高举起"天珍海味"的旗帜,让苏州菜走向世界!让世界了解苏州菜,走出国门,走向世界!

响　堂

　　"响堂"是中国饮食业中的一种服务方式。它指服务员在服务过程中将对宾客的迎客、接待安排、介绍菜肴以及与内部其他部门的沟通和联络的信息,用高亢、悠扬的语调在餐厅的厅堂中喊唱出来。尤其是在苏州,当服务员用吴侬软语,悠扬顿挫的吴歌语调传唱时,餐厅中会自然而然地飘浮起一种特别的情调,有时会感到浓浓的乡土气息,有时会烘托起热闹气氛,有时会感觉是苏调的传承,有时会感受就餐环境的升腾。由于旧时的苏州把餐厅称之为"店堂",店堂里回响着响亮的、此起彼伏的、悦耳的"堂倌"的声音,因此把这种服务形式称之为"响堂"。

　　响堂有多种作用,主要的有:

　　是对宾客的一种热情的欢迎态度。"喔哟末来格哉,贵客临门哉"。一句话使来客心里高兴,自己是贵客,又使自己在众多的客人中得到了抬举。

　　是一种服务语言。如"客官楼上请","先生走好末蒡边来","松鼠鳜鱼末来格哉"。

　　是一种推销艺术。把菜名按韵、节律唱出来,如"荤双拼、荤三拼,还有几种素什锦"。

　　是内部联络的手段,把客人点要的菜单通知厨房。如:"喔哟末来格哉,堂里阳春两两碗,宽汤免青一只拌"。把迎来的客人交给下一站的同事接待,如"楼上格听好仔","司的克先生上楼哉",把客人用餐后结账的金额报给账台,如"楼上的客人还账哉,十块外加二只角子来"。

由于响堂的声响、音韵、节奏和曲调,使餐厅中始终荡漾着热烈的气氛,即使客人不多,也会由于服务员的随机喊唱,而使外界感到餐厅中生意兴隆,热闹万分。

响堂在经营面食的餐馆(苏州人称谓"面馆")尤为常见,因面馆中客人进出的频率高,经营的品种相对专一,用词的变化不大,喊唱相对容易,所以在传统的印象中比较深刻。

即便如此,苏州人在面食品上也是十分讲究的。面分"浇面"与"非浇面","浇面"中有"盖浇面"与"过浇面"之分,"盖浇面"是指将"面浇头"(面的浇头即菜肴)加放在面食之上,而"过浇面"(苏州人称"过桥"面)则是指面和菜肴分开盛放的面食。"非浇面"即"光面"(即只有面条的面食),因为只有面,所以便宜,吃者多为平民百姓,为了让吃的人体面一点,所以又叫"非浇"、"阳春面"。有汤的叫"汤面",而无汤的则叫"拌面",所用的调料也有所不同。汤面中又分"红汤面"与"白汤面",指的是汤色、汤料成分的不同。汤面中也还有"紧汤"与"宽汤"之分,"紧汤"是汤少一点,但比拌面要多一点,而"宽汤"则是要汤多一点,比正常的阳春面的汤还要多。另外还有"重面轻浇"、"轻浇重面"、"头汤"、"浑汤"、"硬面"、"烂面"等讲究。

响堂服务时"堂倌"要把客人的个性要求都喊出来,有可能时还要把数量等其他要求也一并唱将出去,如上面提到的:"喔哟末来格哉,堂里阳春两两碗,宽汤免青一只拌"。"喔哟末来格哉"意思是与厨房打招呼,有生意来了,请做好准备;"堂里阳春两两碗",意思是:餐厅里要四碗光面,因为"四碗"吴语中与"死完"是谐音,因为算术乘法"两两得四",所以用"两两碗"替代"四碗",可以免了客人的忌讳;"宽汤"意思是汤要多一点,"免青"是不要放青葱或大蒜叶;"一只拌"是指其中一碗是拌面,其他要求按一般的规矩办,也就不唱出来了。服务员在喊唱时,客人听到的是悠扬的吴歌,厨房听到的服务的品种与数量,老板听出是谁做的生意,餐厅中流淌的是热烈的气氛,外界感受的是生意兴隆。由于"堂倌"是即事即唱,所以使上菜、服务、结账的速度都大大地加快了,也就提高了服务的效率。

能独立响堂的"堂倌",都是已经出师的徒弟。刚入门学徒时,只能上菜报菜名,之后是介绍菜肴、推销菜肴,再之后才是结账和迎送宾客。以前没有开菜单、送账单等确认手续,全部靠"堂倌"的一手经营。合格的"堂倌"要能:判断正确,揣摸心理;鉴貌辨色,随机应变;出口成章,口吐珠玑;熟悉价格,心算精细;菜肴好坏,全在心里;技艺到位,服务得体。能独立响堂的"堂倌",完全是一个多才多艺的人。

现代的餐厅服务模式,有很大程度是从西式服务"引进"的。"响堂"这种服务形式将进入"遗产"时代,也许可以申报"世界的非物质文化遗产"。要找一个能独立响堂的"堂倌"已不可能。但作为中国人,特别是苏州人,听一下录音,重温一下旧时的"梦",也许会是别有一番滋味在心头。

读《思鲈帖》文

　　故宫博物院陈丽华副院长赠给我一本《故宫珍宝》,书中收录了《思鲈帖》。故宫任何一件物品都是世界文化遗产,此帖被誉为故宫中之珍宝! 有何价值呢? 我非得拜读一下。《思鲈帖》:"张翰字季鹰,吴郡人,有清才,善属文,而纵任不拘,时人号之为江东步兵。后谓同郡顾荣曰:天下纷纭,祸难未已。夫有四海之名者,求退良难。吾本山林间人,无望于时。子善于明防前,以智虑后。荣执其手怆然,翰因见秋风起,乃思吴中菰菜鲈鱼,遂命驾而归。"

　　《思鲈帖》是欧阳询存世四件墨宝之一,弥足珍贵,被称作天下十大行书之一,纸本,册页,纵 25.5 CM,横 33.5 CM,共 10 行 98 字。此帖原属《史事帖》,帖后纸有宋徽宗赵佶瘦金体书跋:"唐太子率更令欧阳询书张翰帖。笔法险劲,猛锐长驱,智永亦复避锋。鸡林尝遣使求询书,高宗闻而叹曰:'询之书远播四夷。晚年笔力益刚劲,有执法面折庭争之风,孤峰崛起,四面削成,非虚誉也。'"宋徽宗可谓对此帖作了研究和评价。清乾隆帝评论道:"妙于取势,绰有余妍。"《思鲈帖》曾经藏于北宋宣和内府、南宋内府、清内府,清乾隆年间刻入《三希堂法帖》,现藏于故宫博物院。华夏爱好书法的两位皇帝作出如此高的评论,使我了解了此帖的经典艺术价值,当为故宫博物院之珍宝!

　　读帖是书家的必修课,我乃与墨无缘,何能欣赏书法? 以我所能,唯可品读其文思索其意。此帖记载的是晋朝苏州籍人士张翰的故事,也是苏州饮食史上十分动人的故事。张翰开创苏州文人隐逸文化的先河，是苏州文人的楷模。张翰面对晋王朝的高官厚禄不屑一顾，视为不如吴中家乡的"菰菜鲈鱼"。他的率真直抒胸臆，"有清才"当之无愧，而帖中的阮籍和顾荣与其虽相似，但在"隐逸"的方式上相差甚远。古人有大隐隐于市，中隐隐于野，小隐隐于朝。

帖中"纵任不拘，时人号江东步兵。"此江东步兵即三国魏诗人——阮籍（210—263年），字嗣宗，父瑀，为曹操司空军谋、祭酒、管记室。后为仓曹掾属，是"建安七子"之一，知名于世。阮籍曾任步兵尉，所以世称谓阮步兵。崇奉老庄之学，政治上则采谨慎避祸的态度，与嵇康、刘伶等七人为友，常集于竹林之下肆意酣畅，故又有竹林七贤之称。阮籍有济世之志，发言玄远，芳馨百代，领袖诸贤。"闻步兵校尉缺，厨多美酒，营人善酿酒，求为校尉，遂纵酒昏酣，遗落世事，不论人过。"对阮籍来说当官做闲职有俸禄，喝酒混日子，用醉酒不醒来应对险恶的政治环境，史上记载司马昭想与阮籍联姻，可阮籍大醉60天使事无法进行。

张翰的性格如阮籍一样不遁常礼。当会稽人士贺循因受征召去京城——洛阳任官经过吴郡时，张翰偶与贺循相识，两人谈琴论道。当张翰知道贺循进京，他也萌生去洛阳之念。因为他的好朋友——顾荣在洛阳，早就想会会他。贺循一路有知音相伴乐成其事，张翰竟然不辞家人，与贺循同舟进京。

顾荣天资聪明而机灵，顾氏为江南望族，是东汉尚书令顾综之十四代曾孙，祖父顾雍东吴丞相，父顾裕宜都太守。顾荣二十岁官至东吴黄门侍郎、太子辅义都尉。西晋灭东吴，顾荣与陆机和陆云兄弟入洛阳京城，号称三俊，官任郎中，后任尚书郎、太子中舍人、廷尉正等，在那年代做了许多大事。在"八王之乱"中顾荣多次更迭任职，最后见晋惠帝大势已去，中原大乱，不应命回到吴国，次年晋惠帝回洛阳，顾荣又回洛阳为祭酒……助建东晋亦有顾荣的功劳。在八王之乱中时而诈酒避祸，张翰劝他凡事瞻前顾后时，顾荣怆然地说："吾亦与子采南山蕨，饮三江水耳。"但顾荣最终还是没离朝廷。

帖中的人阮籍和顾荣都用醉酒隐逸于朝廷，而张翰蔑视朝廷。他有蔑视之本及情。张翰，出身吴中望族，父为三国孙吴的大鸿胪张俨，为吴国之国相。张翰熟知朝廷和官场。张俨曾为晋武帝驾崩而受命前去吊唁，不测张俨死于回程之途。晋又灭了吴，故张翰有亡父亡国之痛，晋朝有愧于吴郡张翰家族。张翰为追随顾荣到了洛阳，在晋惠帝永宁元年（301年），值齐王司马冏执政，征召张翰为大司马东曹掾，执掌官吏选拔等事务。这些让张翰仿佛得到了抚慰。

但张翰所见是晋武帝司马炎把皇位传给了弱智的儿子引起的权力之争，爆发了"八王之乱"，晋王朝迟早会灭。他感到父为此献出生命的不值之痛，吴国却被司马家族而灭之恨，又在内心复燃。这痛恨难消，难道我张翰还要为之献出生命吗？这恨痛相加增添了怒，文人之怒的表达方式不是骂街，而是用诗来抒发。从此有了《秋风歌》，亦谓《思吴江歌》"秋风起兮佳景时，吴江水兮鲈鱼肥。三千里兮家未归。恨难得兮仰天悲。"吟罢《秋风歌》挂冠辞朝。有人说："卿乃可纵适一时，独不为身后名邪？"他答曰："使我有身后名，不如即时一杯酒。人生贵得适意尔！何能羁宦数千里以要名爵。"这《秋风歌》的秋风是晋朝肃杀之风，是司马政权的严冬即将来临的信号。晋朝经"八王之乱"不久，司马冏齐王败，而张翰因得免于难。顾荣却死在任上，顾荣的死让世人验证了官场的无情无义，让张翰痛恨交加而十分悲伤。

唐太子率更令欧阳询书张翰之《思鲈帖》，从此《思鲈帖》不仅是书法之帖，也是帝皇之"帖"。它告诫帝皇必有帝皇之才，有明君之智慧，否则难以集聚贤臣，难招天下精英。《思鲈帖》也是文人的人生之帖。张翰思鲈的退隐选择是文人失意者的楷模，隐士者的榜样；张翰思鲈的思想，成为后世文人的内在的精神世界，而引领了苏州的世世代代的文人，所以有人说："苏州有隐逸市场"。

苏州吴江"垂虹三高祠"内，供奉的有莼羹张翰、渔舟范蠡、茶灶龟蒙，每人都附有一个饮食故事，这些文人的饮食已经成了隐逸的标贴，以养生来医治在政坛上的创伤，以追求生活的美好来抒发在政坛蜷曲的情感，这都是苏州许多文人的特征。他们不仅有渔舟、茶灶、莼羹，他们还营造自己的天地，建立自己的精神王国。

苏州的文人用治国之能来治自己的家园。他们的家园每寸方圆治理得十分有内涵，使苏州的园林甲天下，为世界留下了大批文化遗产。他们自嘲"筑室种树逍遥自得，灌园鬻蔬以供朝夕之膳，此亦拙者为之政也"，而营建起拙政园；他们模仿《楚辞·渔夫》中的沧浪之歌，筑沧浪亭；如渔夫一样去撒网，建起网师园；他们蜷曲于政坛，曲于园中此园就谓曲园；在政坛太久了，回来想过惬意而怡然自得的生活，此园就谓怡园！

苏州的文人以辅政之才来辅助物质生活，提升物质生活中的品位，并升华为艺术。不但有"不炼金丹不坐禅，不为商贾不耕田，闲来写就青山卖，不使人间造孽钱"的吴门才子们，还有"陆子冈之玉、马勋之扇、赵良璧之锻，得者竞赛，几成妖物，亦为俗蠢。""将造物之精致推到极处。即以苏扇为例，不尚紫檀、乌木等贵重木材，专以白竹为贵，且衡轻重为值，愈轻者价愈昂。"使大量的苏州生活器物而成了工艺品，成为掌中把玩之物，从而形成了苏州人特有的生活方式。

张翰的思鲈精神影响了苏州的文人，这些文人的思想又孕育了苏州的文化，随着岁月的逝移、时代的熔铸、文化的积淀而形成了苏州的文化特点。

浅述苏州织造官府菜的形成及技艺特色
——兼述其历史影响与开发价值

苏州织造官府菜,是由苏州织造府选聘苏州官府名厨及集民、绅、寺、肆诸菜之长,按传统制作技艺精心烹制的系列菜品,它将苏州菜的制作技艺推到了一个新的高度,是苏州菜的代表和精华。苏州谚语曰:"三辈子做官,学会吃喝穿。"官府是最讲究吃喝,也是最有条件讲究吃喝的地方。历朝历代,苏州官府林立。官场酬酢纷繁,你来我往,每个官府都从社会各界搜罗高厨,刻意求胜,奢华精丽,珍馐迭出。苏州织造府作为宫廷重要的派出机构,迎来送往,交际频繁,宴饮不断。特别是康熙、乾隆皇帝的数次南巡,使苏州织造刻意访请名厨,制作最具苏州风味特色的"苏宴"以供迎驾,最后同"苏造"、"苏作"、"苏式"等一样走进了宫廷,形成了宫廷"苏宴"。

一、苏州织造官府菜形成的背景

苏州织造官府菜,是在苏州这块肥田沃土上培育成长起来的饮食文化奇葩。它的产生与苏州织造的特殊地位有关,可以说是苏州饮食文化与宫廷饮食文化互动的产物。

1. 苏州织造官府菜产生的地理环境

苏州地处温带东南季风区、位于长江、三江洲东南隅,太湖之东,气候温润,地势平坦,土地肥沃,河流纵横交错,湖泊星罗棋布,周围分布着阳澄湖、石湖、独墅湖、黄天荡等湖泊,使这儿的鱼腥虾蟹水产繁多,瓜果蔬菜时新不断,山簌野味多有贡献,素有"万亩果树万亩粮,万亩鱼池万亩桑"的美称。得天独厚的自然生态环境加之丰富的物产资源,为具有浓郁江南水乡特色的"苏式"菜肴的形成与发展,提供了良好的条件。

长期以来,经济繁荣,手工业发达,又有三江五湖之便,商业繁荣,万商云集。中唐以后,江南地区已经成为全国重要的产粮区,有"衣食半天下"之称。宋时便出现了"苏湖熟,天下足"、"上有天堂,下有苏杭"这样的谚语。另外,苏州僻处江南,远离了中原的多次战乱,政治环境相对稳定,正如《宋史》所说:"天下才俊多避地吴越。"明清两代更有"衣被天下"、"中央财赋,仰给东南"之誉。清初,时人将苏州称为天下"四聚"之一,称"天下有'四聚',北则京师、南则佛山、东则苏州、西则汉口"①,又称"繁而不华汉川口,华而不繁广陵阜,人间都会最繁华,除是京师吴下有。"②明初杰出的诗人高启赞美苏州说:"财赋甲南州,词华并西京。"康熙时人沈寓说:"东南财赋,姑苏最重;东南水利,姑苏最要;东南人士,姑苏最盛。"③苏州在相当长的历史时期,曾是我国南方地区政治文化和商业中心,官宦商贾南来北往,豪门大户建宅定居,这一切无不对苏州饮食文化产生了巨大的推动作用。

苏州的饮食文化源远流长,自古就独具特色,为世人所称道。史有专诸"从太湖学炙鱼",以鱼肠剑刺王僚的记载;屈原在《招魂》中有"肥牛之腱臑若芳些,和酸若苦陈吴羹些"之句,《山堂肆考》释"吴羹"时说:"吴人工於作羹也";张翰的"莼鲈之思"成了家喻户晓的成语。隋代吴地制作的蜜蟹曾作为贡品,有"饮食第一"的美称。至唐宋时期苏州菜肴以

---

① 刘献廷《广阳杂记》第4卷,中华书局,1997年。
② 佚名《韵鹤轩杂著》,见《中国民俗史籍举要》,四川民族出版社,1992年,第294页。
③ 沈寓《治苏》,见《清经世文编》第23卷,中华书局,1982年。

炖、焖、煨、焐等火候菜及水产鱼馔为主的风味特色便已基本形成,从而奠定了苏式菜肴的独特风格。①《吕氏春秋》、《吴都赋》、《清嘉录》、《岁时广纪》、《吴郡志》、《姑苏志》、《梦溪笔谈》、《清稗类钞》、《随园食单》等许多古籍都有关于苏州饮食的记载。苏州还出现了唐陆龟蒙的《蟹志》,北宋赞宁的《笋谱》,元明之际韩奕的《易牙遗意》,明代周文华的《汝南圃史》、吴禄的《食品集》,清吴村的《吴蕈谱》等饮食文化专著。苏州饮食文化的深厚和影响由此可见一斑。

苏州文化有一个显著的特点,即处处讲细致,事事求精美。苏州古城是小桥流水人家;苏州园林虽无皇家御苑的恢宏,却能通过亭台楼阁、曲径回廊营造出咫尺山林,城中林泉的美景;苏州昆曲唱腔悠缓动人,有所谓"水磨腔"之称;苏州评弹《珍珠塔》中描述陈彩娥下堂楼这一情节和心理活动,每天一回书,说上一个星期还没下得楼来;苏州刺绣中一根丝线要劈成96股来用,所谓"针线细密,用绒止一二丝,用针如发细者之,设色精妙,光彩射目。山水分远近之趣,楼阁得深邃之体,人物且瞻眺生动之情,花鸟极绰约唼喋之姿,佳者较画更胜。"(明张应文《清秘藏》)苏州的各种雕刻更是细细雕、慢慢磨;苏州的缂丝,一梭子织进一根丝线,就要缂断一下,一天忙下来仅织分寸……苏州饮食就在这样一种文化生态中浸润,自然也形成了其追求精细完美的风格。因此,世有"天下饮食衣服之侈,未有如苏州者"②之论。

苏州文化还有一个特点,就是文人与手工艺人的互动。如苏州园林的设计建造中就有文人的积极介入,拙政园就是由文徵明参与设计并建造的。苏州昆曲文辞典雅,曲调清丽,也时有文人参与编剧导演。拙政园主张紫东的祖上曾是户部郎中,张紫东把昆曲曲神俞粟庐长期留在园中唱曲排戏。苏州的评弹也有他们的辛劳,著名长篇评弹《杨乃武和小

---

① 翁洋洋《苏式菜肴沿革》,《中国烹饪》,1988 年第 5 期。
② 常辉:《兰舫笔记》,江苏省立苏州图书馆,1939 年。

白菜》的本子就出于苏州才子之手。苏州饮食也是如此，其中也充满了文人的智慧。苏州怡园顾家后人顾笃璜先生曾经说过："厨师是靠主人调教出来的。"

这样的自然条件、社会环境、历史渊源、文化生态，就是苏州织造官府菜得以产生的肥沃土壤。

2. 苏州织造官府菜产生的技术基础

苏州的菜肴，主要有官、民、绅、寺、肆几个方面。官，是指官府菜。民，是指一般的民间菜肴。绅，是指退职官员或有声望府第的肴馔。寺，是指寺院菜。肆，主要是指专业饮食店菜。

苏州民间菜肴是苏州菜的起点和基础。苏州民间菜肴以朝摘夕烹为特点，讲究食料的新鲜美味，随着四季节令环境的不同，食材也随之不断变化着，且随着不同的节日，饮食风俗也不同，形成了一年四季特色分明的岁时菜色。

苏州的士绅菜注重情趣，注重文化内涵，讲究菜肴的精美。《清稗类钞》说：苏州"以讲究饮食闻于时，凡中流以上之人家，正餐小食无不力求精美。"[1]

寺院菜以素食为主，也自有特色，普通蔬菜、菱藕莼芹、笋菌山蔌在此皆能烹制出清雅素食，别具风味。

苏州的专营饮食店，明清时有了很大发展。据《桐桥倚棹录》记载，清嘉道年间仅虎丘桐桥一带，就有三山馆、山景园、金阊园馆、聚景园（李家馆）等多家，书中所列大菜汤炒小吃等达170多种，"烹饪之技，为时所称"[2]。苏州城内，则"王回子之熏鸭，孙纯阳之点心小菜……士民争购，主人应接不懈"（《兰舫笔记》）[3]。苏州餐饮商家技艺高超，名菜众多。

---

① 徐珂：《清稗类钞》第9卷，《饮食类·苏州人之饮食》，中华书局，1984年。

② 顾禄《桐桥倚棹录》，上海古籍出版社，1980年，第143页。

③ 常辉：《兰舫笔记》，江苏省立苏州图书馆，1939年。

官府菜在苏州具有特殊的地位。苏州官府林立,据宋范成大《吴郡志》所载,当时苏州官宇就近 50 座;宋《平江图》中亦有近 40 处(府 2 座、衙门 1 座、县衙 2 座、司 5、厅 25、局 1、务 3),可谓官宇栉比。仅以清代为例,苏州城内就有苏州府衙门、江南巡抚府衙门、按察使道台衙门、织造府衙门、吴县衙门、长洲县衙门、元和县衙门等。

1983 年在苏州东采莲巷内发现了清光绪十二年(1886 年)复建官厨公所碑刻,可见当时官厨之多,以至有官厨公所这样的社会组织出现。

有人认为:"在千百年的苏州烹饪技艺长河中,民间家庖是本源,酒楼菜馆是巨流,衙署官厨是浪巅,寺院素馔是别支。"[①]确实,民间菜是苏州菜的源头,寺院菜虽别有风味,毕竟稍嫌清寡,无法反映苏州菜的全貌。茶楼酒肆虽多有珍味名馔,但毕竟以商业利润为务,受成本利润率等限制,也无法将苏州菜做到极致。官府菜固然将苏州菜推向了浪巅,但它还不是苏州菜的高峰,它只是为这个高峰的到来奠定了基础,而只有清康乾之期对苏州织造府改制以后,这个高峰才会到来,这个更高峰便是苏州织造官府菜的产生。

二、苏州织造官府菜形成及标志

1. 形成过程

苏州自古就是全国重要的丝织业中心。元至正年间(1341—1367 年)将长洲县平桥南,原宋提刑司衙门改建为织造局,由工部遣官督理,专为宫廷提供织品。

明洪武元年(1368 年)重建织造局于天心桥东,由苏州地方官员督造,至永乐间(1403—1424 年)遣太监阮礼督苏杭织造,内监督造由此肇始。如

---

① 陈揖明、陆庆祥、钱国盛、张学群:《苏州烹饪古今谈》,《苏州史志资料选辑》第 7 辑,苏州市地方志编纂委员会办公室,1987 年。

万历二十九年(1601年)织造太监孙隆督税苏州,天启六年(1626年)苏杭织造太监李实诬劾右佥都御史、巡抚周起元、左都御史高攀龙等为东林邪党。一直以来,苏州织造作为宫廷重要的派出机构,迎来送往,交际频繁,宴饮不断,为了适应这种需要,苏州历任织造往往网罗了苏州各界最优秀的厨师,为其所用。元明时期织造府官厨的情况,虽暂未找到详细资料,但仍有一些踪迹可寻。如《崇祯吴县志》载织造府年需"厨、米、菜、祭局犒赏银,一百二十八两一钱一分八厘。"《苏州织造局志》载:明代织造府年须"蔬菜、油、烛,银一百零八两。"

清初,一度沿用明制,顺治三年(1646年)于带城桥东明嘉定伯周奎旧宅建苏州总织局。同年改变督织人员派遣制度,罢织造太监,遣工部侍郎陈有明,满洲官尚志等织造管理苏州织造。顺治三年(1646年)命内工部侍郎陈有明督建苏州总织局,共建"堂舍百有余间"①,其中灶厨等房即有二十余间,占总房数的五分之一。康熙二年(1663年)二月设专人督织。康熙十三年(1674年)改由内务府派郎官掌管。②

清代织造衙门还是一个专驻江南的特殊"情报"机构。除要定期办贡,年例纳银,为皇帝聚敛珍宝财物,还要定期报告官民动态。乾隆皇帝就曾明确指出:"各省盐政、关差、织造,固不可干预地方公务;但既例得奏事,如遇新异案件及有关紧要者,即应就所闻见,据实奏闻。"③(《听雨丛谈》)所以,长期以来,织造身份特殊,他们可以不受任何限制,直接向皇帝密奏一切,尤其在清初,堪称是清朝皇帝统治江南的重要"耳目"。因此,出任织造一职的必为亲信包衣。如康熙二十九年(1690年)出任苏州织造的曹寅(即《红楼梦》作者曹雪芹的祖父),就出身于内务府包衣,且曹寅的生母曾是康熙的乳母,曹寅还当过皇帝的侍读,关系非同一

---

① 曹允源:《吴县志》,《官署二》,江苏古籍出版社,1991年。
② 孙佩:《苏州织造局记》第1卷,《沿革》,江苏人民出版社,1959年。
③ 福格:《听雨丛谈》第12卷,中华书局,1959年。

般。曹寅调任江宁织造后，苏州织造由曹寅内兄李煦继任，从康熙三十二年（1693 年）一直到康熙六十一年（1722 年），在任长达三十年之久。雍正九年（1731 年）的苏州织造海保，其母曾是雍正的乳母。

但，这还不足以使其担负起将苏州菜推向顶峰的重任，它和苏州其他衙门的官府菜还无重大的区别。最终促使苏州织造官府菜独树一帜的契机，是康乾之时，康熙、乾隆的频频南巡。

正因为苏州织造地位特殊，所以当康、乾南巡时，苏州织造府就成了充当行宫的必然之选。请看史料：

"康熙二十三年（1684 年）十二月二十六日，驻跸织造府公署。"①

"康熙二十八年（1689 年）二月三日，驾临苏州，仍驻跸织造公署。"②

"康熙三十八年（1699 年）四月初六日，上驻跸织造衙门，巡抚宋荦进书画数种。"③。

"康熙四十二年（1703 年）二月十一日，驻跸织造衙门，江南督抚进蔬果百种，不收。凡献诗赋照前，或收或发还，进衣进宴照前。"④

康熙四十四年（1705 年），第五次南巡，"朕有编辑资治通鉴纲目一书，是朕亲阅过六次者，巡抚有力量刊刻么，朕叫李煦帮你。荦奏云：臣蒙圣恩，优渥无可报效，此书情愿刊刻，无庸李煦帮办。""又进小菜点心八种，以后每日恭进。"⑤

康熙四十六年（1707 年），第六次南巡，"驻跸虎丘行宫。"⑥

乾隆十六年（1751 年）第一次南巡，"驻跸织造府行宫"。⑦

① 冯桂芬：《苏州府志》，台湾成文出版社，1970 年，第 34 页。
② 冯桂芬：《苏州府志》，台湾成文出版社，1970 年，第 38 页。
③ 冯桂芬：《苏州府志》，台湾成文出版社，1970 年，第 41 页。
④ 冯桂芬：《苏州府志》，台湾成文出版社，1970 年，第 46 页。
⑤ 冯桂芬：《苏州府志》，台湾成文出版社，1970 年，第 49 页。
⑥ 冯桂芬：《苏州府志》，台湾成文出版社，1970 年，第 53 页。
⑦ 高晋：《钦定南巡盛典》第 4 卷，《四库全书》第 658 册，上海古籍出版社，1987 年。

乾隆二十二年(1757年)第二次南巡,乾隆有《凝怀堂》一诗,序中有"凝怀堂,在苏州织造衙门旁行宫内,康熙年间所赐名也,适来居之,辄成是咏"①这样的句子,驻跸于织造府明白无误。

乾隆二十七年(1762年)第三次南巡,有御制诗云:"迥跸至苏州,葑门泊御舟。郡城徐按辔,仄巷不鸣驺。接踵摩肩众,授衣足食谋。万民亲切意,两日得因留。"泊舟葑门,显然也是驻跸织造衙门了。

乾隆三十年(1765年)第四次南巡,自二月二十六起至闰二月初三日止,驻跸苏州府行宫、灵岩山行宫、穹窿山行宫、上方山行宫等。

······

苏州织造府作为接待最高统治者的行宫,最重要的任务之一,便是餐饮。作为苏州织造,必然竭尽全力,不计成本,千方百计地烹制出最好的苏州菜肴奉献给皇上,这样就将苏州菜推向了极致,使苏州菜烹饪技艺达到了空前的水平,苏州织造官府菜汇集了苏州菜的精华,成了苏州菜的代表。而苏州织造府无论从财力物力还是厨艺人才上讲,都具备了完成这一历史任务的能力。

乾隆多次南巡,几乎一入江苏之境,苏州织造官厨往往即被调往御膳房为乾隆掌厨,并一直陪侍乾隆,直到送乾隆回銮。仅以手头所有乾隆三十年(1765年)南巡档案略举数例,即可看到苏州织造官厨的作为(我们将进餐时间、地点,苏州织造官厨所做菜肴数目一一列出):

二月十五日早膳,游水路船上,苏州织造普福进奉菜肴多品,指明普福家厨役做("上进毕赏用总官马国用奉:旨赏织造普福家厨役张成、宋元、张东官每人一两重银锞二个")。晚膳,崇家湾大营码头,其中有二品系张成、宋元做。一品张东官做,二品宋元做。

二月十六日早膳,游水路船上,有二品宋元做。晚膳,扬州天宁寺,

---

① 高晋:《钦定南巡盛典》第10卷,《四库全书》第658册,上海古籍出版社,1987年。

张成一品,张东官一品,宋元一品;高恒(时任两淮盐政)进奉菜肴中也有一品为张成所做。

二月十七日早膳,扬州九峰园,宋元做二品。晚膳,天宁寺行宫西花园,张成一品,张东官一品,高恒所进菜肴中有张成一品。晚晌有二品系宋元所做。

二月十八日早膳,扬州漪虹园,宋元一品;高恒进奉菜肴中有宋元一品。午膳,天宁寺行宫西花园,张成一品;高恒进奉菜肴中有张成一品。晚晌有宋元所做二品。

二月十九日早膳,天宁寺行宫,宋元一品。午膳,扬州高旻寺行宫,张成一品,张东官一品;晚晌,宋元二品。

二月二十日早膳,扬州锦春园,宋元二品。晚晌,镇江金山寺行宫,宋元二品。

二月二十一日早膳,镇江焦山,宋元一品。

二月二十三日晚膳,游水路船上,宋元一品。

二月二十四日早膳,游水路船上,宋元一品。

二月二十六日抵达苏州。一直到闰二月初三日离开苏州,其间苏州织造官厨所做菜肴多多,这里略去不说。下面再看看离开苏州后的情况。

闰二月十四日晚膳,杭州西湖行宫,宋元一品,另有"上传叫苏州厨役做燕窝脍五香鸡一品"的记载。

闰二月十六晚膳,西湖行宫,张成一品。

闰二月十七日晚膳,西湖行宫,张成一品,另有"上传叫苏州厨役做燕窝脍五项鸭子一品"的记载。①

······

---

① 中国第一历史档案馆:《清宫御膳》第 1 册,华宝斋书社,2001 年版,第 152—178 页。

例证实在太多，不胜枚举。直到三月十一日，乾隆北归回到镇江金山行宫后，才发出了"赏苏州厨役张成、张东官、宋元每人一两重银锞二个，仍交给普福，就叫他们回苏州府去。钦此"的圣旨。此即能看出，苏州织造官厨确是已经参与了御膳掌勺。整个档案中，除苏州织造官厨外，几无任何其他地方官厨出现的记录。整个南巡之期，除苏州织造的普福外，仅两江总督尹继善、两淮盐政高恒向乾隆进奉过菜肴，而这些菜肴中只有苏州织造官厨的制作以实名记录，也只有苏州织造官厨独享钦点烹制的荣耀。可见，当时苏州织造官府菜已经卓然独立自成一家了。

2. 形成标志

① 菜品系列化

从御档中可以看出，苏州织造官厨供奉的菜品已经不是一品、二品，而是呈现了成系列的菜品。如乾隆三十年（1765 年）二月十五日就有这样的记录："苏州织造普福进糯米鸭子一品、万年青炖肉一品、燕窝鸡丝一品、春笋糟鸡一品、鸭子火熏稻煎粘团一品。"下面还特别注明"系普福家厨役做"。①出现在御档中而表明苏州织造官厨做的菜还有果子糕（张东官做，106 页）、腌菜炒燕笋、燕窝炒鸭丝（宋元做，108 页）、肥鸡鸡冠肉、烂鸭面（宋元做，109 页）、鸡肉馅包子（张东官做，111 页）、鸡丝攒汤（张成做，111 页）、醋溜肉糕（宋元做，112 页）、鸭子火熏㸆豆腐热锅、燕窝火熏肥鸡丝（宋元做，113 页）、燕笋炖棋盘肉（张成做，116 页）、鸭子火熏煎粘团（张东官做，116 页）、燕窝攒汤（张成做，116 页）、醋溜荷包蛋、糖炒鸡（宋元做，118 页）、燕笋葱椒羊肉、肥鸡锅烧鸭子面片馄饨（宋元做，120 页）、肉片炖面筋、鸡肉攒丝汤（张成做，122 页）、鸡丁炒黄豆芽、糟鸭子（宋元做，125 页）、苏州丸子（宋元做，126 页）、葱椒咸淡肉（张成做，127 页）、澄沙馅喋油堆（张东官做，127 页）、腌菜花春笋炖鸡、苏羹汤

---

① 中国第一历史档案馆：《清宫御膳》第 1 册，华宝斋书社，2001 年版，第 105 页。

膳(宋元做,130 页)、黄闷鸡炖肉(宋元做,134 页)、苏鸡(张成做,153 页)、肥鸡㸆鸭腰(宋元做,156 页)、莲子酒炖鸭子(宋元做,157 页)、肥鸡油煸白菜(张成做,170 页)、炒鲜虾(宋元做,172 页)、荸荠炖肉(张成做,173 页)、白酒糟鸭子(宋元做,175 页)、鲜虾醋溜鸭腰(宋元做,177 页)、火熏拆肉(张成做,178 页)等。①

② 苏州织造官厨人才群的出现

据乾隆三十年(1765 年)二月十五日《清宫御档·清宫御膳》档案所记:"总管马国用奉旨赏织造普福家厨役张成、宋元、张东官每人一两重银锞二个。"由此可见,从苏州织造调入御厨的官厨在御档中有名字的,就有张东官、张成、宋元多人,说明织造官厨已经有了一个人才群体。这也是苏州织造官府菜成熟的条件和标志之一。

③ 苏州织造官厨征召入京

按照清宫规矩,宫中的厨师都是世代相传的,外人不能随便进入御膳房,但乾隆多次南巡品尝了苏州织造官府菜,终究敌不过美味的诱惑,于乾隆三十年(1765 年)第四次南巡时,将苏州织造官厨张东官带入宫中,自此以后无论乾隆外出巡行还是圆居承德避暑山庄或圆明园,皇帝出巡东北,特命巡幸园,张东官都身负重任随营供膳。爱新觉罗·浩在《宫廷饮食》中也写到"乾隆四十三年(1778 年)苏州时的一位名厨叫张东官的作为御膳总管随行"。张东官在京十九年,直到乾隆第六次南巡时,才经和珅、福隆安向苏州织造下谕旨曰:"膳房做膳苏州厨役张东官因他年迈,腰腿疼痛,不能随往应艺矣。万岁爷驾幸苏州之日,就让张东官家去,不用随往杭州。回銮之日,亦不必叫张东官随往京。"并传谕:"再着苏州织造四德另选精壮苏州厨役一、二名,给膳房做膳。"②

张东官以及随后苏州织造官厨被乾隆征召进京,可看作是苏州织造

---

① 中国第一历史档案馆:《清宫御膳》第 1 册,华宝斋书社,2001 年版,第 106—178 页。
② 中国第一历史档案馆馆藏乾隆四十九年《御茶膳房.行清档与官仓》,胶片 440。

官府菜进入顶峰阶段的标志。

④ 苏州织造官厨技艺得到肯定和嘉奖

《清宫御档·清宫御膳》档案中有苏州织造官厨多次受赏的记录。如乾隆三十年（1765年）二月十五的档案中就有"总管马国用奉旨赏织造普福家厨役张成、宋元、张东官每人一两重银锞二个"（普福时任苏州织造）、二月二十四日有"太监常宁传旨：赏苏州厨役张成、宋元、张东官每人一两重银锞二个"、三月十一日有"总管孙进朝奉旨：赏苏州厨役张成、张东官、宋元每人一两重银锞二个，仍交给普福就叫他们回苏州府去"等的记载。张东官入宫以后仍然是屡屡受赏，如乾隆四十三年（1778年）七月二十一日至九月二十五日东巡盛京，在外两个月零二天的时间里，随营供膳的四十多位御厨中只有张东官、郑二、常二三人受赏。郑二、常二每人受赏一次，而张东官一个人就受赏五次。乾隆皇帝赏给他的有银锞、熏貂皮帽檐和大卷丝锻等物。在这么短时间内苏州织造官厨如此地屡屡受赏，这在乾隆出巡档案中是绝无仅有的，可见乾隆对苏州织造官府菜的肯定和喜爱，也是苏州织造官府菜成熟的标志。

⑤ 苏州织造官府菜进入御档载入史册

乾隆御厨有几十号人，乾隆享用的菜品更有数百之巨，皇上能知道哪位厨师的名字已经十分了不起了，而苏州织造官厨和他们烹调的菜以及对他们的赏赐都在御档中一一记录，这在清宫历史上是极少有的事。除《御茶膳房》档案外，《乾隆三十年江南节次膳底档》、《乾隆四十五年节次膳底档》、《乾隆四十九年节次膳底档》以及《苏造底档》也都有记录。这表明，苏州织造官府菜已经载入了史册。

三、苏州织造官府菜的技艺特色和影响

包容开放是苏州文化的特点，苏州织造官府菜也是如此。为适应外

地官员及宫廷的口味,它也主动吸纳其他地方菜肴的精华,在传统苏州菜的基础上,改进充实苏州菜,如乾隆三十年(1765年)二月十五日《清宫御档·清宫御膳》载:"肥鸡徽州豆腐一品、燕笋糟肉一品。此二品系张成、宋元做。"如改变了苏州菜少辣等习惯。所以苏州织造官府菜又可说是在当时历史文化条件下苏州菜的新发展。

苏州饮食恪守天人相应、阴阳和谐、五行生克等古老理念,和吴门医派也有着密切的关系。元明之际撰写《易牙遗意》的韩奕,就出生于世医之家,韩氏有"吴中卢扁"之称。韩奕与名医王宾、王履被称为吴中三高士,盛名于时。韩奕不但精通本草,还精于饮食烹制,在他的《易牙遗意》中,能感受到君臣配伍、先下后下之妙,使"药食同源"之论得到实践。《汝南圃史》和《食品集》则更述及食物与营养荣卫的关系。这些深湛内涵,在苏州织造官府菜中都有不同程度的体现。

(一) 技术特色

苏州织造官府菜的特色,可归结为选料、火功、调味、追求精美诸端。

1. 选料特色

苏州织造官府菜中没有鱼翅海参之类珍馐,大多是普通的食材,但却选料严谨。以下是苏州民间采访的情况。

① 讲产地:蟹必选阳澄湖大闸蟹(阳澄湖水深、水清、水温低,形成了阳澄湖蟹壳青、毛黄、腿脚有力、肉质甜美的特点);银鱼必选太湖所产(太湖水浅,适于银鱼、莼菜成长);鸭子以娄江麻鸭为上、白菜以胶东白菜为好;即使在苏州一地,方位不同,其菜料质量也会有所差异。所以有"南荡鸡头北荡藕"、"东山杨梅西山枇杷"等说法;虾,则以吴门桥所出为上。

② 讲品种:如吃肉,要选太湖猪,太湖猪肉质细腻,更易于烧糯。再比如,毛色以黑毛为好,黑毛猪的肉比白毛猪的肉香。

③ 讲节令:什么节令吃什么菜,即吃当令菜,这是苏州织造官府菜

的一大特点。比如夏天鸡毛菜,霜打大藏菜,菜花甲鱼、立夏蚕豆,小暑黄鳝(俗有"小暑里的黄鳝赛人参"之谚)等等。韭菜有"二月、九月两头鲜"之谚。菜薹要吃正薹,豌豆要吃嫩的。吃蟹,则要等到西风起,俗所谓"西风起,蟹脚痒",这时的蟹才成熟,捕捉食用,其味尤佳。说到吃鱼,更有"正月塘鳢,二月鳜鱼,三月甲鱼,四月鲥鱼,五月白鱼,六月鳊鱼,七月鳗鱼,八月鲃鱼,九月鲫鱼,十月草鱼,十一月鲢鱼,十二月青鱼"之说。讲节令的另一层意思就是不吃反季菜,也特别强调什么时令不吃什么菜,如"夏不食肝"、"夏不食鱼"(夏天炎热,鱼是高蛋白食物,容易变质腐败,加之夏天太阳直晒水面,水温高,鱼群都潜入水底,这时的鱼不但肉质疏松,还带有河底的泥土味),六月不宜食用甲鱼,六月的甲鱼称为"蚊子甲鱼",刚下完蛋,身瘦肉枯等。

④ 讲鲜活:所谓鲜活,即植物类菜要新鲜,动物类菜要生猛。蔬菜要选所谓"露水菜",即菜叶上还带有露水的新鲜菜,离土隔日萎蔫(niān)的"倒头菜"不吃等。

⑤ 讲大小:大和小要视具体情况而定,有的东西大好,有的东西则小佳。比如吃蟹,要大,大者黄多、膏厚;而鳖裙羹所选之鳖则不宜大,大者肉老。鳜鱼以老秤 12 两为好,鲫鱼以一斤四条的为准。

⑥ 讲部位:摘菠菜要留红根,而马兰头则摘去红根留三叶。

⑦ 讲采摘、捕捞、宰杀方法:这也是织造官厨讲究的地方,如杀鸭就要看天气,要选暖和的天气。天气寒冷,鸭子皮肤的毛细血管收缩,二毛就难以除清,天气暖和,皮肤松弛,就好处理。如果要取鸭腰(在《乾隆三十年江南节次膳底档》有鸭腰)就必须把鸭子赶跑,宰后的鸭腰才大,而不用笼装运输。再如选虾,以装笼虾为上,即以"装笼"捕捉的为好,因为能进得装笼去的,一般都是强壮的大虾。淌网虾次之,所谓"淌网虾"即用淌网去淌(捕捉)的虾。一般不用"干荡虾",即以抽干荡水的方法捕捉的虾,干荡虾有泥土气。织造官厨还要求屠夫用酒将猪

灌醉后才宰杀。①

2. 火功特色

苏州织造官府菜烹调技艺多样，具有浓郁的苏州地方特色。如冷盘主要有：煎（火燻摊鸡蛋）、腌（腌雪里蕻金花菜）、拌（燕笋拌鸡）、冻（水晶肘子）、糟（糟肉）、叉烧（羊鸟叉烧羊肝攒盘）等。热菜主要有：煮（鸭子热锅）、烩（炒鸡家常杂烩热锅）、烤（挂炉鸭子挂炉肉）、炒（炒面筋）、串（鸭子火燻串豆腐热锅）、熘（醋熘荷包蛋）、煎（肉片盐煎）、煠（煠肉古噜）、爆（爆肚子）、烧（锅烧鸡）、煸（肥鸡油煸白菜）、燻（燻小鸡）、水烹（水烹绿豆菜）、蒸（蒸肥鸡挂炉羊肉攒盘）、脍（脍肥鸡）、酥（麻酥鸡）等②。而尤重火工，以炖（冰糖炖燕窝）、焖（黄焖鸡炖肉）、煨（豆豉煨豆腐）、焐（东坡肉）最有特色。织造官府菜讲究出味和入味。为此简直是不惜工本，有些菜肴炖、焖、煨、焐长达数小时、数十小时之久，这样烹调出来的菜，原材料的本味真味才能在原汁裹浸之中，充分呈现出来，即所谓"出味"。火功到家，也才能使相配伍的食物相互融合、渗透，使食物"入味"。

3. 调味特色

康乾盛世是我国农耕文明发展的鼎盛时期。此时，虽然世界工业革命已经爆发，但由于清王朝的闭关锁国，尚未波及我华夏大地，所以苏州织造官府菜传统烹调技艺，没有受工业化影响，还保留着中国人"道法自然"的特性，不用任何工业化食品添加剂，仍以葱、姜、蒜等天然植物和调味品来灭腥、除臊、去膻；擅制发酵类调味品；调制各种汤汁；熬制品种繁多的调和油等。

俗话说"唱戏靠腔，烧菜靠汤"。织造官府菜对汤尤为重视。调制各种原汤：如肉汤、鸡汤、鸭汤、鱼汤等亦可加入火腿、干贝、菌菇类等物，还要分别用鸡茸、鱼茸、虾茸等吊成更浓之原汤，要吊数次直到汤清为止。

---

① 采访记录。
② 中国第一历史档案馆：《清宫御膳》，华宝斋书社，2001年版。

用高浓度的原汁清汤烹调菜肴,味感丰满醇厚。还特别强调,烧什么菜,一定要用相应的高汤。如鸡汤,要用数只老母鸡熬汤或蒸卤,取其汤而舍其鸡,然而再选嫩鸡入汤烧煮;又如鲫鱼汤,先用鳑鲏鱼吊好浓汤,把鳑鲏捞掉后再下鲫鱼烹煮,使鱼味馥郁汤鲜鱼嫩。

当时官厨还擅长调油。强调烧什么菜,一定要用同类原料调制的油。如炒虾仁,先把小虾熬成虾油,再用它来炒虾仁。蔬菜则可分别用笋油、蕈油、蘑菇油、松蕈油等来炒烧。一年四季自调的油就有猪油、鸡油、鸭油、蟹油、虾油、羊油、鱼油、葱油、香椿油、蕈油、蘑菇油、笋油、松蕈油。油品不同,炒出来的菜味道自然不同,这也是官府菜的讲究。

(二) 技艺特色

苏州织造官府菜为适应官场交际与接待最高统治者的需要,努力追求精美,力争做到色香味形器俱佳。

① 色

苏州织造官府菜的颜色在服务于口味这一原则的前提下,做到浓淡适宜,该淡的淡,该浓的浓。如"清汤燕鸽"、"白汁甲鱼"、"清蒸鲥鱼",为要保持其原汤原汁烹饪原则的需要,不随便添加其他调料,使其保持了汤清如水,肉白似玉,清丽悦目,质朴可人的本色;而有些菜肴,需要加一些调料来使其味道可口浓厚,颜色也要鲜艳夺目。如"樱桃肉"红得鲜嫩,看到红里透白的肉质,就会感受到牙齿上滋润的感觉;"荔枝肉"色形似荔,白中透亮,会让人口从颜色中感受到荔枝的酸甜(苏州古菜之一,《桐桥倚棹录》称之为"果子肉"。《随园食单》则名为"荔枝肉")。[①]由颜色而生食欲,由食欲而动筷箸,使人搓手而有急不可待之感,也可能使人注目欣赏,不忍下筷。

在烹饪蔬菜时,注意其色泽的鲜艳悦目。蔬菜要保持青翠,如烧菠

---

① 　顾禄:《桐桥倚棹录》,卷十,市廛,上海古籍出版社,1980 年,第 144 页。

菜时,要保持其叶绿根红的色泽,故有"红嘴绿鹦哥"之称。油煎豆腐,则使其四边微黄,中间雪白,故有"金镶白玉版"之喻。

②香

苏州织造官府菜讲究菜肴能给人以嗅觉享受,即所谓要"香",做到未尝其菜,已闻其香,品尝后又能留香齿间。《随园食单》说:"求香不可用香料:一涉粉饰,便伤至味。"①苏州织造官府菜就强调菜香要醇正,即鱼是鱼香,肉是肉香,各种蔬菜有各种蔬菜的清香。此外,织造官府菜还利用各种方法来赋予食物以特殊的香味,给予嗅觉享受。如利用某些植物叶子的清香,"荷叶粉蒸肉(鱼)"就是一例,荷叶的清香,让人引颈而待;再如香椿头拌豆腐、香干马兰头等。以清酒给人以醇香,如醉虾、醉蟹、醉鸡、醉肉等。以酒糟入菜,使菜带糟香,如糟鸡、糟鸭、糟鱼、糟肉、糟茄子等。以各种酱料入菜,使菜肴带有酱香,如酱八宝(花生、豆腐干、肉丁、开洋……)。以乳品烹调,使菜肴带上浓郁的乳香,

③味

古人说过:舌之于味,有同嗜也。人人都会追求饮食的美味。苏州织造官府菜就极讲究菜肴的味。强调真味、本味(出味)。首先苏州织造官府菜把本味看得很重。"本味"一词,首见于《吕氏春秋·本味》说:"水居者腥,肉玃者臊,草食者膻,臭恶犹美,皆有所以。"②这"腥"、"臊"、"膻"是食材之本性。这样的本性终究不适于口,所以苏州织造府菜对"腥"、"臊"、"膻"之味的食物又强调要去味。苏州厨师有句行话,叫:"师傅搭浆,全靠葱姜;呒拨葱姜,全本弄僵。"葱姜蒜不但能灭腥去臊除膻,而且还能靠其增香增味。(苏州厨师用的香是很细的香葱,而不是大葱。)

苏州织造府菜的调味(入味),如《随园食单》中指出:"凡一物烹成,

---

① 袁枚:《随园食单》,第1卷,《须知单》,广陵书社,2008年,第4页。

② 吕不韦:《吕氏春秋》,卷十四,本味,广州出版社,2001年,第143页。

必需辅佐。"①苏州织造府"厨役"深得其妙,因此特别注意主辅原料本味间的配合。无味者,如"红松鸡",鸡有本味,加入猪肉糜,鸡鲜肉松,两味凸现,咸中带甜;味淡者,使其浓厚,如"母油鸭",鸭香味浓,汤汁醇厚;味浓者,使其淡薄,如"蜜汁火方"(为减其咸味,需九煮九蒸);味美者,使其突出,如"带子盐水虾"等等。

④ 形

苏州织造官府菜讲究酥烂脱骨而不失其形,常用整鸡、整鸭、全鱼、全蹄的形式,以求造型的完美。荤菜如此,素菜亦然,如"香菇菜心",扇形的盆面赛如一幅图画。冷盆则要求刀面饱满,刀工精细、摆放入目。在桌面的摆放上也有形的要求,如鸭不献首,鱼不献脊;菜碗不能排列成方,不能垒碗堆盏叠盆等等。

⑤ 器

青花瓷到清代进入了它的全盛时期,清秀素雅的官窑青花瓷器皿也就成了织造官府菜用得最多的器皿。它和织造官府菜的淡雅极为相称。筷,则有银筷、象牙筷等,而以乌木包银筷为多。同时,织造官府菜还非常注意器皿的保温保暖性,多用砂锅、品锅、暖锅等器具。高雅洁净、古色古香的器皿也是饮食审美的一大内容。

(三) 历史地位

首先,它对宫廷菜造成了冲击。苏州织造官厨被乾隆带入宫中以后,改变了满族统治者的饮食习惯,打破了北菜在宫中的一统天下,改变了御膳结构。清朝统治者是满人,长期居住在北方,大多不喜食鱼,乾隆亦然。而苏州的鱼馔却闻名于世。自从接触苏州织造官府菜后,乾隆对南味鱼馔就情有独钟。据《御茶膳房》档案记载,乾隆四十六年(1781 年)十一月二十一日起至三十日,"此十日伺候上辣汁鱼一次,豆豉鱼二次,

---

① 　袁枚:《随园食单》,第 1 卷,《须知单》,广陵书社,2008 年,第 2 页。

葱椒鱼一次,醋溜鱼六次"。短短十天之中,竟然食鱼十次,几乎到了日必一鱼的地步! 四十九年(1784年)、五十二年(1787年)的御档中都有过这样的记载。糟鱼、酥鱼、炒面鱼、溜银鱼、清蒸鱼、鱼旋子等都成了清宫御膳中的常食。乾隆四十八年(1783年)正月膳底档从正月十一开始,其中苏宴出现六次之多,并有"乾隆四十八年(1783年)正月初九日乾清宫总管郭永清等奏,十四、十五、十六,此三日伺候上苏宴。奉旨:知道了。钦此"的记载(转引自《圆明园》)。①在正月膳底档中张东官的名字出现了26次。②再如苏州织造官府菜中的樱桃肉,在乾隆时的《清宫御档·清宫御膳》中出现;另据德龄公主《御香缥缈录》的记录,③慈禧太后也在吃樱桃。这方樱桃肉在宫中居然盛传数百年之久。织造官府菜对御膳的影响可想而知。

苏州织造官府菜对各地菜肴的影响。因为受到清代最高当局的赏识和宣扬,苏州织造官府菜名扬天下,京师一度出现了南味食品热,致使苏州厨师在北京倍加吃香。苏州织造官府菜也是织造府招待南来北往权贵显要的菜,它的名声也随着这些权要而远播各方,各地官府也多有外聘苏州官厨之举。如出任过苏州织造的普福、西宁,在调任两淮盐务和长芦盐务后都曾将苏州织造官厨带走。

苏州织造官府菜同时也成了苏州众多衙门官厨们和豪门巨族争相模仿学习的榜样。官场起伏多变,不时有官厨散入民间,特别是清朝覆亡后,织造衙门不复存在,织造官厨全部流散民间,将佳肴妙技带回民间,产生深广影响。如张文彬在天和祥菜馆时,还用织造官府菜的一些做法,如用蹄髈吊汤,做"自来芡",而吊过汤后的蹄髈就在店堂贱卖,以此达到既能保持原有官府菜的加工技艺,又降低成本以适应市民的消费水平。

---

①② 中国第一历史档案馆:《圆明园》下册,上海古籍出版社,1991年,第924—959页。
③ 德龄:《御香缥缈录》,珠海出版社,1994年,第62页。

中国端五节起源的初探

有关我国端五节的传说颇多，据闻一多先生研究便有七十多种。笔者认为各种传说，都有其合理的内核，这是因为我国地域辽阔、民俗众多才形成多种文化之说。

据历史记载汉代《曹娥碑》"孝女曹娥者上虞曹盱之女……盱能抚节安歌婆娑乐神，以汉安二年五月时迎伍君逆涛而上为水淹……"。汉安二年，记载距今有将近两千年之久的江南迎伍君之水活动中发生的曹盱死亡事故，并出现孝女曹娥。

记录屈原与端五节的最早文字记载，是梁代吴均的《续齐谐记》。但与吴均同朝代的宗懔在《荆楚岁时记》中讲竞渡来源时说："邯郸淳斯又东吴之俗，事在子胥，不关屈平。"宗懔这样表述完全是为了更正吴均的错误说法，也肯定了《曹娥碑》的说法。

如东汉蔡邕在《琴操》中所记载，吃粽子是为了纪念介子推。介子推是晋国人，晋国是现在的山西，山西虽然不是稻米的生产地，没有稻米文化，但不能说就没有粽子文化。不是也有人认为"角黍"是粽子的雏形吗？黍是中原的旱粮，把这些旱粮包裹起来煮来吃，不也是很聪明的吗？"角黍"这是以它的形和原料来命名。在纪念介子推的寒食节吃"角黍"是完全有可能的事，也不能给予否定。

但拿现在我们所看到的粽子来说，它是米制食品，它应该是产生于稻米作物发达的地区。

苏州地处长江以南,气候温暖、湿润,雨水和日照都很充足,是种植水稻的好地方。据中外考古学家认定,以苏州为代表的中国太湖流域是世界上最古老的稻米故乡之一。

在苏州东山村就发现过八千多年前水稻的痕迹遗址。在苏州古城东唯亭东北,有一座草鞋山。它种植水稻也有六七千年了,《苏州草鞋山遗址古稻田研究》课题是中日合作的野外项目。在1992年至1995年的三年间,中日考古工作者曾每年进行一次考古活动。

苏州作为鱼米之乡,有产生稻米粽子的条件,八千多年前,苏州的先民就是仰仗于稻米这一最基本食物,繁衍生息,创造出了灿烂的文明,那么这几千年的文化渊源,就应该也包含了稻米文化及现在的粽子文化。

人们说有了陶罐便有了"粥",即"粥"是中国饮食的开篇之作,那粽子很可能是续粥之后的第二件产品。

陶罐是人类第一件炊具,它被誉为人类饮食文化的催生婆。因为在陶罐中煮饭很难,容易损坏陶罐,如果把米包裹起来煮就可放较多的水,米熟了陶罐中的水还可以不被煮干,这样陶罐也不容易损坏。

也许这就是粽子产生的直接原因。粽子显然比粥要进了一大步,它容易存放、携带、耐饥,吃起来方便。人们是在生活、生产实践中产生了粽子,应该说这才是粽子的起源,也是人类智慧的产物。如果由于人类社会的某个历史事件中而产生了粽子,那么一定会有特定的原因才会产生粽子,产生的原因也是唯一的,就不会有七十多种传说。世人把几次重大历史事件赋予吃粽子的文化内涵。于是,吃粽子的民俗活动有了多种的特定含义。

笔者认为:五月五日不一定是伍子胥的忌日。因为那时苏州的历法用的是"周历"。一直到秦始皇统一中国后,历法才改为现在的夏历记年。

周泰王的儿子泰伯、仲雍奔吴后,就把周历带到苏州。吴地才开始用周历记年。周历是根据太阳历法，即以现在农历的冬至日为岁首，即是大年初一。如果说伍子胥在周历的五月五日逝世，也不可能是现在夏历的五月初五，而用这一天来纪念伍子胥，不一定是这天发生了什么事件，而是用"五"来指特定的意思，是特指伍子胥的。在苏州地区人们就认为粽子的起源是纪念伍子胥的。"端五粽"名字就隐含着："端不能忘姓伍的祖宗。"

伍子胥本是楚国人，他是伍奢的次子，因楚平王杀害了伍奢和伍奢的长子，伍子胥就逃到吴国。伍子胥刚从楚奔吴时，吴还是个僻处东南一隅的小国。他帮助公子光夺得王位——即吴王阖闾，又向阖闾提出建议："欲安君治民，兴霸成王，从近制远者，必先立城郭，设守备，实仓廪，治兵库。"随即他"相土尝水，象天法地"，在公元前 514 年造起了著名的阖闾城，即今之苏州。伍子胥确实是苏州城的祖宗，是造福苏州人民的祖宗。在苏州用伍子胥来命名的，有城门、街道、河流、庙宇，还有许许多多的传说。

这座历史古城的建成是十分伟大的，不论是从城市规划学，还是从建筑学、人类发展学、环保学、水利学等许多学科考证：这座城市的建成是十分科学的，充分体现了伍子胥的智慧。两千五百多年过去了，今天我们苏州人还在享受他的福荫，苏州古城正在申请世界文化遗产。

伍子胥还是一位伟大的军事家，曾六次向吴王阖闾推荐孙武，如果没有伍子胥的推荐，孙武的《孙子兵法》也难以完成。吴王阖闾之子夫差即位以后，伍子胥又辅佐他实现了称雄东南、争霸中原的伟业。吴国军队直捣楚国郢都。伍子胥把楚平王的尸体从墓中拖出来鞭尸报了仇、雪了恨；战胜了越国，俘虏了越王——勾践。

但伍子胥的最后结局十分悲惨。因为他刚正不阿，敢于直言，劝谏吴王拒绝越国求和并停止伐齐，渐被疏远，后于公元前 484 年，吴王夫差赐剑命伍子胥自杀,还将他的尸体抛入江中。最后,吴国的命运如伍子胥预言的一样,越王勾践举兵灭了吴国。

苏州人面对这样一位伟大的战略家、谋略家,给苏州人民带来福祉的伟人,能不怀念他吗? 能不纪念他吗? 但国已亡了,老百姓在五月初五的这一特殊的日子,以裹粽子、吃粽子、竞龙舟等约定俗成的活动来纪念他。

那为什么会有唐末诗人文秀的《端午》诗,有"万古传闻为屈原"诗句呢? 我们可以从历史事件中来分析这一传说的历史成因。

因为吴国后来被越国灭亡后,越国又被楚国灭亡。秦始皇统一后又被刘邦灭亡,刘邦也为楚国人。楚国人怎么会忘记伍子胥为父报仇,指挥吴国军队直捣楚国郢都,鞭尸楚平王的历史呢? 对楚国而言,伍子胥是叛逆者、卖国贼,为报家仇而卖其国的小人。因此在楚地吃粽子、竞龙舟来纪念伍子胥,楚人是不可能接受的。

屈原忍辱负屈而忠君爱国,为此献出了自己的生命,所以楚国人认为屈原伟大,应该纪念屈原。这样也就成了另一种说法。

而这是一种说法,最符合中国忠君爱国的儒家思想,屈原的献身精神是为中国人最为崇敬而称道的,很容易为大家所接受,这就是"万古传闻为屈原"的社会基础。从我自身的思想意识来说,用这样的活动来纪念屈原激发我们的爱国热情,也是值得称赞之事。

苏州的一位历史考古学家诸汉文说:"任何一个历史工作者或一个严肃对待历史的人,都不应该随便否定历史的传说,而是应该抓住历史传说中的合理内涵去追踪历史的真实。"上述这些,是以我浅薄的历史知识来分析传说中的合理性和较带真实性的部分。供大家参考。

从真实性和合理性来说,"端五节"苏州先于世界,她应该属于苏州。我们决不能再做"使非苏州,焉讨识者"的孤芳自赏之事,我们要积极抢救、保护民间现存的和即将消失的民俗文化。它是不可再生的文化资源，也是全人类的文化遗产，是我们永恒的文化主题，而作为苏州市有不可推卸的责任。

苏州的粽子文化不但很悠久，而且还很深厚。

譬如在苏州，过去在外甥上学的仪式上娘舅家除了送文房四宝、四书五经外，还要送一盘糕和粽子，寓意"高中"，那是科举时代的吉语。粽子里面有一只裹成四方形的，名为"印粽"；寓意"印中"，当官掌权之意。还有二只裹成笔管形的，名为"笔粽"，谐音"必中"状元之意。

还有一些与粽子有关的市井谚语。如："不吃五月粽，死了没人送"、"吃了五月粽，再把棉衣送"、"吃了五月粽，还要冻三冻"，等等。

探苏州过冬至夜之习俗与
中国过年的年习俗

　　中国农历的二十四节气中有个"冬至"。冬至的前一天晚上苏州人叫冬至夜,苏州人过冬至夜是很隆重的。外出的亲人都要赶回来,已分家的小辈都要到长辈身边,祭祖吃团圆夜饭,在形式上与中国人过春节一样,所以苏州人说:"冬至大如年。"意思就是说过冬至节如中国人过年一样重要。

　　冬至夜那天,太阳直射南回归线,在北半球的中国苏州黑夜最长,白天最短。从"冬至"这一天开始太阳的直射度,开始向北半球移。北半球的白天渐渐长了,黑夜渐渐短了,所以"冬至"这一天意味着新的气象又开始,古代周朝就用这天为新年的开始,这就是周朝的历法。

　　这是周泰王的两个儿子——泰伯和仲雍奔吴(即苏州地区),把周朝的历法带到苏州。在秦始皇统一六国以前,苏州就是用的周历。"冬至"节这一天在苏州就是新年。

　　秦始皇统一中国,也统一了中国的历法,改变了苏州的新年。但苏州人还保留着"冬至大如年"的习俗。过冬至夜苏州人还有一个俗语:"有的吃,吃一夜;呒不吃,冻一夜。"就是有经济条件比较好的人家要吃整个晚上,经济条件不佳的人家,只能干坐着冻一夜。为什么要这样呢?其实这就是中国人过新年的守夜。那为什么要守夜呢?

当时人们无法解释,白天和黑夜的交替变化,一会儿白天长,一会儿黑夜长天文现象的科学道理。古人认为在"盘古"开天辟地以前是没有天地叫"混沌世界"。"盘古"开天辟地使"混沌世界"中,轻而清的部分冉冉上长为天,重而浊的部分沉沉下降为地,以后才形成"天"和"地"。古人又认为天冉冉上长至中国农历的夏至(即太阳直射在北回归线上)后,天又要一天天下降。如果在冬至夜这一天,不停止下降,天地又要合拢,又要出现"混沌世界",人类又要灭亡。在这人类生死存亡的关键时候,一家老小团聚在一起,吃上一顿团圆饭,再诚惶诚恐地守这一夜,有钱人家边守边吃,没钱人家只能冻一夜。

在守夜期间,人们一起放爆竹把天送上去,使得它不塌下来。古人有天圆地方之说,认为天是圆的,地是方的。方方的馄饨皮代表地,中间包的馅就是天气,包在一起是"天地不分、天地相溶"的"混沌世界"。于是,人们在冬至节吃"馄饨",把"混沌世界"吃掉,让它不再产生。

第二天人们又能相见了,十分高兴、令人惧怕的天地合拢没有发生。人人如获新生,对新的一年又寄予美好的希望,人们见面相互恭喜,走亲访友相互祝福。

《尔雅·释天》中有关中国过年的记载说"夏曰岁、商曰祀、周曰年"。所以中国从周朝开始才叫过"年"的,那么周朝过的年就是过冬至,大年三十夜就是苏州人过的冬至夜。中国人过年的习俗从古老的苏州人过冬至可以看到这一习俗的由来。

与食品有关的歇后语

湿手捏了干面粉——甩不掉。

湿手抓芝麻——哪有不沾的。

芝麻馅汤圆——又香又甜。

棉纱线穿豆腐——不值得一提。

芝麻开花——节节高。

豆腐掉在灰堆里——吹也不是，拍也不是。

刀切豆腐——两面光。

叫花子的袋袋——样样有。

叫花子吃死蟹——只只好。

叫花子背上的米——自讨的。

叫花子不留隔夜食——没有积蓄。

鸡蛋放在勺子里——稳稳当当。

老鼠拖鸡蛋——大头在后。

鼠吃面粉——一张白嘴。

老鼠偷油吃——一张油嘴。

猢狲拾到块姜——甩掉舍不得，吃吃又辣。

猪八戒吃人参果——独吞。

狗吃粽子——勿假。

青石板上的鳝——溜之大吉。

乌龟吃大麦——糟蹋粮食。

山东人吃麦冬——一懂也勿懂。

瞎子吃馄饨——心里有数。

老和尚吃猪油——开荤。

猪油灯盏——拨一拨，亮一亮。

上楼吃甘蔗——步步高，节节甜。

吊子里烧饺子——肚皮里有货倒不出来。

韭菜炒豆芽——理不清。

韭菜叶面孔——一勃就熟。

青菜、萝卜——各人所爱。

吃粥、淘汤饭——各人欢喜。

吃饭淘汤——吃粥的命

姜太公钓鱼——愿者上钩。

孔夫子吃饭——理性大。

肉馒头打狗——没有转来。

癞蛤蟆想吃天鹅肉——梦想。

鼻头上挂鳌鱼——休想。

小葱拌豆腐——青青白白。

盐钵头里出蛆——不可能。

木樨花当牛料——瞎吃吃。

生米做成熟饭——已定。

镬子里的天鹅——飞不脱。

面拖蟹过节——糟蹋老祖宗手脚。

井水不犯河水——互不相干。

老姜过老酒——辣手遇辣手。

二月里的菜苋——早熟。

关老爷卖豆腐——人硬货不硬。

老鼠掉勒米囤里——挑挑俚。

汤罐里蒸鸭——独出张嘴。

汤罐里炖蛋——不熟。

养媳妇偷吃茶叶蛋——闷煞

枇杷叶面孔——翻面勿认人。

王婆卖瓜——自卖自夸。

鸡蛋里挑骨头——硬扳。

象牙筷上扳榫细——挑刺。

黄鼠狼咬死只马——大吃吃。

哑子吃黄连——有苦说不出。

螺蛳壳里做道场——太小。

针尖对麦芒——针锋相对。

药材店里的揩台布——吃足苦头。

药里的甘草——百有份。

药罐里的枣子——苦胖。

定胜糕——腰身好。

猪油糕——油性好。

黄松糕——甜性好。

心急吃不得热豆腐——烫煞。

萝卜不轧菜道——道不合。

黄牛角水牛角——各归角。

害相邻吃薄粥——害人。

三角钿白糖一淬就光——赞不起。

鸭吃砻糠——空欢喜。

超越《红楼梦》

一、吴门人家很有名气,口碑非常好,您在餐饮行业多少年了?

我是餐饮行业的新成员,我过去是机械厂的财会人员,退休后进入了餐饮行业,到今年要 13 个年头了,因为从零开始,一边做一边学习,一路摸索过来。

二、您是什么原因进入餐饮行业的?

是苏州菜、苏州美食的招唤而进入餐饮行业!是对八宝粥产生兴趣而进入了餐饮行业。

在上世纪 90 年代,有部电视连续剧《康熙微服私访》其中有一段《八宝粥记》,讲的是苏州故事。引起了我小时候吃八宝粥的回忆。

那时候一般人家无条件能煮这由桂圆、枣子、米仁、芡实、莲子、枸杞、赤豆、糯米组成的八宝粥。那时候任何食品和副食品都要配给供应的,而且八宝粥内的那些配料也不是一般家庭能享受的。我家房东来了尊贵的客人才煮上八宝粥,我们小孩能得到一份,那时是十分高兴的事,吃了永远不忘。在过去苏州的家庭妇女是非常会烧菜的,在她们的思想中靠丈夫养家糊口,烧好菜侍候好丈夫和家人是天职。过去妇女不能参加社会活动整天在家里潜心研究又舍得花时间做菜,哪怕家庭非常殷实的也是如此,家庭妇女是一定要下厨房的,哪怕不劳动也参与厨房的事务。明朝崇祯皇帝的皇后——周皇后是苏州人,在崇祯皇帝在位的一段日子中,周皇后亲自下厨为崇祯皇帝做苏州点心。

但现在妇女都参加工作,走向社会,很可能是造成苏州菜失传的重要原因,就如吴凤珍老师讲的一位妇女要娘教烧菜,还要婆婆教烧菜,这样一代代传承、继承、发展到清代到达顶峰。

《红楼梦》是人们公认曹雪芹写的,其中怎么吃让人惊叹。苏州人的怎样吃?与《红楼梦》中的饮食来作比较,就能知道苏州人吃的水平了。

八宝粥内的原料是款款入药,是一滋补药方。那时《红楼梦》的美食十分风靡,我把八宝粥与《红楼梦》中曹雪芹写的粥作了比较:《红楼梦》中有碧粳粥(第 8 回)、腊八粥(第 19 回)、香薷粥(第 29 回)、燕窝粥(第 45 回)、鸭子肉粥(第 54 回)、枣儿粳米粥(第 54 回)、绿稻米粥(第 75 回)、江米粥(第 87 回)。曹雪芹因为是一位美食家,才能把这些美食都写得如此鲜活。但我感到苏州的八宝粥要超越《红楼梦》中所描写的粥。《红楼梦》中最高贵的是燕窝粥,只是燕窝之名贵而已,除腊八粥外,其他粥也只是单味。就是因为有这种感觉就想开一家八宝粥店,让世人尝一尝苏州的八宝粥,与《红楼梦》中的粥比一比该多好啊!

三、您讲的只是八宝粥超越《红楼梦》,《红楼梦》中的美食很多您感到如何呢?

我感到也有超越的,如:茄鲞,茄鲞按周汝昌说的是一种路菜,就是带在路上吃的菜,十天半个月不太会腐败的菜肴。茄养鲞八道工序在《红楼梦》中描写得十分详尽,让读者感到非常繁复。但苏州的"八宝炒酱"其中八样副料有:香菇、木耳、金针菜、花生、笋(或茭白)、香干、开洋(虾米)、肉。先把开洋用料酒发浸渍一夜;花生米用冷油炸熟后去衣;鲜肉、香干、香菇、笋等分别各自切成丁,鲜肉要把肥瘦分开切;肥肉丁在热油锅中炸成微黄而香,让猪肉油脂渗出,再加入瘦肉丁爆至断生而鲜嫩;香干丁、木耳丁、金针菜丁、香菇丁、笋丁各自在热锅煸一遍,各自盛入碗中待用;再另起油锅开始炒酱,待油热了,放上一撮香葱爆黄,然后,把酱倒入葱油锅中炒透,再加入鲜肉丁、香干丁、笋丁、香菇丁、木耳丁、金针菜丁、花生、开洋炒拌均匀，方能盛在磁罐子里，要吃时拿出来就可以，吃上十天八天也没问题。虽然有八样原料同在一起，但能吃到各种滋味，荤素全有、营养丰富。八宝酱其工艺之繁复大大超过王熙凤揶揄刘姥姥时所言的"茄鲞"。"茄鲞"仿佛是荣国府的绝活，但是，在苏州只要是一位家庭主妇，都知道苏州的炒酱工艺，章法十有八九，不会有大错。在苏州只要生活不是十分拮据之家都能有此美味。这就是苏州天堂里的美食水平。

苏州"土特产"——状元和梨园弟子

清初苏州著名文学家汪琬进士,康熙年间在京翰林院任编修、纂修《明史》。

有一天翰林院的文人们,炫耀起各自家乡的土特产,有的说:"我们家乡出产象牙犀角。"有的说:"我们有狐裘毛。"有的说:"我们家乡有木材。""……"翰林们越说越兴奋。

唯有汪琬在旁一言不发。翰林们很纳闷,苏州有天堂的美称,难道没有土特产? 这是不可能的! 是不是汪琬这个书呆子什么都不知道,连家乡的土特产都弄不清楚。于是,开始逗他。

"苏州自古号称名郡,钝翁先生乃苏州人士,怎么不知苏州之土特产? 莫非苏州徒有虚名而已?"

汪琬书生气十足地先说了声:"有!"又说:"人间天堂,当然有之!"又故意卖关子,慢吞吞地说:"极少! 两样而已!"

众翰士忙问:"两样何物?"汪琬更是压低了声音,减慢了速度说:"一为梨园弟子。"众人听了无言可答,只有佩服地说:"妙!""那另一物呢?"汪琬突然提高嗓门高傲地说:"状元也!"众人一听情不自禁地伸出大拇指说:"绝!"

苏州共出文武状元 51 名,其中 45 名文状元、6 名武状元。清代就有状元 26 名,占清代全国状元总数的 22.81%,占江苏全省状元总数的 53.06%,是名副其实的"状元之乡"!

后记

　　苏州国家历史文化名城保护区,把苏州的传统饮食文化列入历史文化名城保护的一项内容。此举有利于弘扬苏州的饮食文化,会推动苏州美食及餐饮业的经济发展。谨以此书献给第十届中国·苏州美食节。

　　我就是从这些苏州的吃食故事中感到做一个苏州人十分荣光,从而了解到苏州文化几千年的农耕文明积累是世界上任何一个城市难以比拟的,是中国传统文化的代表之一。

　　前些年我曾恳求苏州大学国学研究所所长余同元教授,请他带领学生编写了《历史典籍中的苏州菜》,并出资刊印出版;接着又出资把潘君明老师收集的《苏州历代饮食诗词选》也出版了。自己早期写的这些苏州吃食故事就有点微不足道。吴门人家是苏州民俗博物馆食文化展示阵地。我便将这些内容以墙报的形式展示在饮食文化长廊中。

　　最近遇到两位贵人:一位是台湾"国立中央大学"认知神经科学研究所洪澜教授,她对饮食文化长廊中的内容十分感兴趣,看了对我说:"胜读十年书!"此言,我自知这是她的谦辞,但也给了我一种启示:即使对她那样著名的学者,也有可能不了解苏州的饮食文化。苏州的饮食文化对中国的文化也有着重大的贡献,我的这些小文章对宣传、普及苏州饮食文化也是有用的,苏州饮食文化是中国文化的重要组成部分,值得宣传。另一位贵人是上海新民晚报著名资深编辑——米舒,米舒的实名是曹正文先生,他看了这些宣传资料鼓励我出书。

在十多年前,苏州民俗博物馆的创建人,我国著名民俗专家——金煦老馆长,看到我写的这些吃食故事,就对原苏州文化局老局长钱璎说:"这就是我们民俗博物馆要做的事……"也由此引领我进入了苏州民俗博物馆食文化展示厅。

在1986年,社会对饮食文化研究尚处于低潮之时,苏州的一些有识之士就高瞻远瞩,在创建的"苏州民俗博物馆"内设有食俗厅,活态展示苏州的饮食文化。我就这样在大家的劝说和鼓励下,由我主持了苏州民俗博物馆的食文化展示厅。我在这展示厅中也得到了成长,因为来到我这里用餐的很多人都是学者和专家,所以我得益很多。

研究苏州吃食背后的人文故事、神话故事和历史故事,也是我研究苏州饮食文化的心路,早期学者朱培初先生也曾表扬我说:"不简单!"他又说:"你整理这些资料要看多少书?我们都是做文字工作的,经常看完一本书只有一句话可采用,这是十分辛苦之事,我们都知道。"此话十分正确,当年我利用空余时间一直在收集苏州饮食文化的资料,越收集兴趣越浓。如《超越红楼梦》就是看了《红楼梦》中所描写的吃食再与苏州的吃食作了认真比较而产生的。又如收集到苏州地区端午节是纪念伍子胥的,开始我还不能接受。因为从小就知道端午节是纪念屈原的。难道是苏州人搞错了?抑或是把别人的故事强挪到自己身上?这可是十分没面子的事。于是我把屈原和伍子胥两位作了很多方面的比较,伍子胥比屈原要早200年左右,两人虽然都是楚国人,但对楚国君王的态度不一样,又找到汉代《曹娥碑》的文字资料,其中写了端午节纪念伍子胥的"迎伍君"民俗活动,后来看到闻一多对端午节"起源于吴越地区"定论,我终于写成了一篇《中国端五节起源的初探》,在首届中国粽子文化节上得了优秀论文奖。再如:关于对馄饨的说法许多文献著作中都写到"馄饨如鸡卵",但我是苏州人,苏州的糯米团子更像鸡蛋,为什么团子不叫馄饨?所以馄饨像鸡蛋的解释我不能接受。为了搞清底理,我到处找资料，同时一直在脑海中捉摸。一个冬至夜的早上，推着自行车走在相门大桥上，突然想起小时候，外婆讲冬至夜可能出现天地要合拢的故事。如果天地合拢就会造成混沌世界的，人类就要灭亡，只会留下一个女人和一条狗，生出来的人是有尾巴的……顿时我悟出馄饨的原意了，原来方方的馄饨皮就代表地，中间的馅就是天气，因为古人有天圆地方之说，用"方方的地"把"天气"包在一起就是"天地"不分、"天地"相裹、"天地"相融的"混沌世界"。这馄饨的文化含量多么厚重，苏州有"冬至馄饨夏至面"的食俗，冬至吃馄饨，就是希望把混沌吃掉，阻断天地相融，防止混沌世界的出现，其中有中国人的思想。经过两年多的困惑，突然破解难题，心中的喜悦难以言表，我便马上用文字把它记录了下来。以此引伸出《苏州人过冬至夜的习俗》的文化内涵等等。如果不把这些文化挖掘出来，你的菜烹得味道再美、你的酒酿得口感再醇，都还不算完满。

苏州吃食的味道恐怕是这些饮食后面的文化。书中另外一部分是我平日写的一些吃食的心得和体会，奉献给大家，希望大家更多地了解苏州吃食中的文化，让更多的人喜欢苏州饮食文化，把苏州的饮食文化研究推向更高更深的研究领域，了解到苏州的一方水土怎样养育了一方人。

在《苏州吃食》一书即将付梓出版之时，我要感谢对吴门人家一直关心、帮助和支持的各级领导和老师们，是他们的呵护和支持才使我有出书的决心。此书的出版也将鞭策和鼓励我更要努力于苏州饮食文化的探讨和研究，并作出更大的贡献。

由于本人学养有限，错误不当之处在所难免，欢迎广大方家、读者批评指正。

沙佩智

2015 年 7 月

图书在版编目(CIP)数据

苏州吃食/沙佩智编著.—上海：上海书店出版
社,2015.8
（中国·苏州美食节系列丛书）
ISBN 978 - 7 - 5458 - 1133 - 9

Ⅰ.①苏…　Ⅱ.①沙…　Ⅲ.①饮食-文化-苏州市
Ⅳ.①TS971

中国版本图书馆 CIP 数据核字(2015)第 168801 号

责任编辑　　杨柏伟　　邢　　侠
装帧设计　　杨钟玮
技术编辑　　丁　　多
封面书画　　周思梅

中国·苏州美食节系列丛书
苏州国家历史文化名城保护区
苏州吃食
沙佩智　编著
上海世纪出版股份有限公司
上海书店出版社出版
(200001　上海福建中路 193 号　www.ewen.co)

上海世纪出版股份有限公司发行中心发行
上海展强印刷有限公司印刷
开本 890×1240　1/32　印张 4.625　字数 50,000
2015 年 8 月第 1 版　2015 年 8 月第 1 次印刷
ISBN 978 - 7 - 5458 - 1133 - 9/TS·3
定价 20.00 元